내 새끼 때문에
고민입니다만,

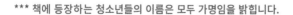
*** 책에 등장하는 청소년들의 이름은 모두 가명임을 밝힙니다.

"내 새끼지만 내 마음대로 안 된다!"

내 새끼 때문에 고민입니다만,

서민수 지음

siso

모든 부모를 찾아갈 수 없어서
이 책을 썼다

"글을 쓴다는 건 빵을 굽는 작업이다"라는 어느 작가의 말에 동의한다. 제빵사가 아니어서 구체적으로 어떤 작업을 거쳐야 아주 맛있고 먹음직스러운 빵이 탄생하는지는 모르지만 삶의 방정식이 그렇듯 '청결한 부엌과 신선한 레시피 그리고 맛있는 빵이 나오기를 동동거리며 기다리는 제빵사의 해맑은 미소가 필요하지 않을까?'라는 생각을 해본다.

나의 글도 그랬다. 글을 쓰기 위해 책상에 앉을 때면 나는 매번 하얀 제빵 가운을 걸치고, 글을 써 내려가는 동안 각종 레시피가 섞이지 않도록 청소년들의 이야기를 정돈해서 반죽했다. 딱히 더 맛있는 식감을 끌어올리려고 성분을 첨가하지 않았다. 그냥 담백하더라도, 때로는 짭짤하더라도 나는 청소년들이 말하는 방식을 있는 그대로 옮기는 데 충실했다.

글을 쓰는 이유는 '공평'하지 못해서였다

수년간 매일 새벽 2시까지 청소년들의 이야기를 들어주면서 알게 된 그들의 속사정을 뻔뻔하게 나 혼자만 알고 있기에는 공평하지 못하다는 생각이 들었다. 그리고 이 이야기는 무엇보다 나와 같은 부모라면 꼭 알아야 한다는 생각이 들었다. 기왕이면 학교 선생님들도 부디 읽으시고 학생지도에 도움을 얻으셨으면 한다. 그래서 썼다.

단언컨대 이 책은 학문을 위한 교양서적이 아니다. 그냥 읽기 쉬운 요즘 세대 청소년들의 생각을 반영하는 '기록'이자 결코 부모님께 말할 수 없었던 그들의 '은밀한 속사정'에 관한 이야기다.

레시피를 수집하는 것은 어렵지 않았다

2,700여 명의 페이스북 친구들과 6,000명이 넘는 카카오톡 친구들(어른은 거의 없다.)이 매일 새벽 2시까지 나를 찾아주었다. 그들은 자신의 미래인 '진로'와 요즘 힘든 '고민', 해결이 필요한 '잘못'이라는 주제로 나에게 도움을 요청했다.

물론 잠이 오지 않아 'ㅋㅋ'만 보내는 친구가 있었는가 하면

'배고프다'고 칭얼대는 친구도 있었다. 그래도 무시하지 않고 매번 답을 해주었다. 그럴 수밖에 없는 것이 아이들을 무시한다는 건 '영원한 이별'을 의미하기 때문이다.

가끔 사람들이 묻는다.

"어떻게 매일 새벽까지 청소년들의 이야기를 들어줄 수 있죠? 잠도 안 주무세요?"

안 잔다. 아니 못 잔다는 게 더 맞는 말이다. 잠을 자다가도 메신저 알림이 울리면 자동으로 손이 휴대폰을 향한다. 잠결이어도 아이들의 말을 듣고 대답한 후에 전화를 끊는다. 어떨 때는 다음 날 일어나서 무슨 이야기를 했는지 기억이 안 나 녹음파일을 듣는 경우도 있다.

과학적으로 설명할 수는 없지만 무의식 상태에서도 이야기를 곧잘 듣고 또 신기하게 답을 해주는 것 같다. 왜냐하면 기억은 가물가물해도 나의 메신저 창에는 항상 '상담해주셔서 고맙습니다'라는 글이 올라와 있기 때문이다.

부모라면 꼭 알아야 할 이야기

오랜 시간 청소년들과 나눴던 수많은 이야기를 모두 담을 수는 없지만 중복되는 이야기와 그리 보편적이지 않은 이야기는 책 밖으로 제쳐 두었다. 아마 지금의 자녀와 바로 연결되는 이야기가 대부분일 것이다. 어차피 우리 부모들은 '아이를 너무도 잘 안

다'고 착각하고 있으니, 그 '착각'을 깰 수 있는 이야기면 충분하다고 생각했다.

그리고 이 책은 자녀의 '안전'을 대비한 준비물이다. "우리는 자녀에 대해 얼마나 알고 있는가?" 혹은 "우리는 자녀의 안전을 얼마나 보장할 수 있을까?"에 대한 질문을 던지는 책이 될 것이다. 부모로서 자녀의 교육에는 온갖 관심을 두고 투자하는 반면 정작 자녀의 심리적·육체적 안전에 대해서는 관심을 두고 있지 않은 것이 현실이다. 그런 면에서 이 책의 유효기간은 그리 오래가지 못할 것이다. 지금의 '자녀 현상'은 빠른 속도로 변화하고 있기 때문이다.

결국 이 책은 우리 부모들을 위한 것이다. 강연을 다니면서 학부모들에게 매번 "여러분들은 자녀를 믿으시나요?"라는 질문을 던진다. 그럼 대부분의 부모는 당연하다는 듯이 "믿죠"라며 서슴지 않고 대답한다. 그런데 정작 요즘처럼 사람과 사람 간에 여러 가지 비정상적인 행동들이 범람하는 사회에서 "대체 자녀의 어떤 부분을 믿으시나요?"라고 되물으면 선뜻 답을 하지 못한다.

부모는 자신이 별 탈 없이 성장해왔기 때문에 당연히 자녀들도 그럴 것이라 가정한다. 부모들이 겪은 청소년기가 훨씬 보호받지 못했고 혼자의 힘으로 견뎌낼 수밖에 없었다고 생각할지 모른다. 요즘 아이들은 그에 비하면 안전하다고 주장하면서 말이다.

어느 설문조사에 따르면 '아이들이 부모로부터 제일 듣기 싫은 말'은 다음과 같은 것들이다.

"아빠도 엄마도 사춘기를 거쳐 봤잖아."
"엄마랑 아빠는 형편이 어려워서 얼마나 힘들었는데. 그래도 우리 아들, 우리 딸은 부족한 게 없잖아."

과연 그럴까? 지금의 세대가 부모의 세대보다 훨씬 안전할까?
솔직히 말하자면 지금의 아이들은 부모의 세대보다 더 위험한 환경에서 살고 있다. 학교는 다양한 형태의 폭력들이 매복해 있고, 사회는 청소년을 노리는 비열한 속임수가 난무하고 있다.

문제는 이러한 위험이 드러나지 않는다는 데 있다

또한 안전을 위협하는 범위는 더욱 넓어졌고, 관용은 찾아볼 수 없는 사회가 되어버렸다. 분명한 것은 지금의 아이들이 부모가 청소년기였던 때보다 더 위험한 세상에 살고 있다는 점이다. 이것은 비슷하다고도 할 수 없는 엄연한 '다름'이다. 조금 엉뚱한 비유일지 모르지만, 세대를 쉽게 통찰하고 현상을 쉽게 이해하기 위해서는 '법'만큼 좋은 예가 없다. 다시 말해 법은 언제나 시대의 요구에 순응적으로 진화해왔다.
소년법이 제정된 1958년과 학교폭력 예방법이 등장한 2004년 이후 지금까지 수많은 법의 개정이 있었다. 그만큼 불안의 형태가 크게 변모했다고 봐야 할 것이다. 문명이 시대를 변화시키는 작용의 일등공신이라면, 자녀의 형태를 변화시키는 작용의 원인 또한 그러할 것이다.

이제는 자녀의 교육만큼이나 자녀의 올바른 성장과 아름다운 삶의 완성을 위해 부득이 '자녀의 안전'이라는 분야를 알고 배우지 않으면 안 되는 시대가 되었다는 것을 부모들은 명심해야 한다. 이것을 인지하는 단계에서 이해하는 단계까지 욕심을 냈으면 좋겠다는 것이 나의 수줍은 바람이다. 그렇게 한다 해도 자녀들이 이를 따라 줄 것인지는 의문이지만 그래도 최소한 시도는 해봐야 한다. 왜냐하면 우리는 부모이니까.

이런 이유로 이 책을 집필하게 되었다. 보기에는 투박하고 맛이 없을 것 같지만 막상 먹어보면 쫀득쫀득한 식감과 달짝지근한 단맛이 기분을 좋게 해주는 '소보로빵'처럼 든든함을 채워 주는 책이었으면 좋겠다. 그저 별다른 기대도 안 했는데 무척 재밌게 본 영화 같은 책이랄까. 부디 이 책이 수많은 아이들을 소중하게 지켜내는 데 작은 도움이 되길 바란다. 마지막으로, 이 시간에도 보이지 않는 곳에서 나름대로 고민하고 방법을 찾으려는 청소년들을 위해 이 책을 바친다.

차 례

제2부 세상에 나쁜 아이는 없다

제3부 이불 밖이 위험한 '요즘 애들'

제4부 내 새끼, 오늘도 수고했어

글을 마치며

1부.
부모는 지구인, 아이는 외계인

'쓰레기'라고 말하던 아들

어찌 보면 그때는 알 수 없는 일들이었다.

아들이 초등학교 때까지는 틈만 나면 함께 여행을 가고, 가끔은 아들 녀석의 친구들과 학교 운동장에서 야구를 하며 주어진 주말을 늘 아들과 함께했다. 당연히 나 스스로도 괜찮은 아비의 모습이라며 우쭐거렸다. 객관적으로 보더라도 틀린 아비는 아니었다. 모든 부모가 그렇겠지만 나 또한 자식에게 최선을 다하고 싶었고, 다행히 주어진 업무가 각박하지 않았던 행운도 있었다.

안도하는 마음이 나태함으로 연결된 탓이었을까?

나의 일은 어느 순간 각박한 사이즈로 변해 있었고, 나 또한 달라진 업무에 여유조차 없을 만큼 몰입하고 있었다. 돌이켜보면 거의 1년 정도, 아들의 중학교 2학년 겨울부터 3학년 가을까지 나에게는 아들과 함께한 기억이 없었다. 그렇다고 전혀 '나 몰라라' 한 것은 아니다. 단지 일과가 늦게 끝나고 지방 출장이 잦아지면서 잠시(아들에게는 긴 시간이었을 것이다.) 아들과의 시간을 함께하지 못했을 뿐이었다. 그래도 불안의 흔적은 없었던 것으로 기억한다. 아비가 보는 관점에서는 여전히 아무 문제가 없는 평범한 아들로 있어 주고 있었다. 그런데 돌이켜보니 그 시간은 내 기억 속에 아예 남아 있지 않은 시간이었다. 그리고 결국 일이 터지고야 말았다. '일이 터졌다'는 생각이 들던 그 순간을 지금도 잊지 못한다.

경찰서에서 횡령 피의자를 상대로 조사를 하고 있을 때였다. 조사받던 피의자가 잠시 전화통화를 하겠다며 자신의 딸과 이야기를 나눴다. 대화 내용은 고등학교 진학에 관한 것이었다. 그 순간 내 아들이 떠올랐다. '맞다! 이놈도 고등학교에 가는데….' 저녁 조사가 있던 것을 연기하고 그날은 일찍 집으로 들어갔다. 그리고 아들 녀석과 마주 앉았다.

"우리 아들, 고등학교 가지? 성적표 좀 볼까?"
"아… 그게, 좀 쓰레기인데…."

아들 입에서 '쓰레기'라는 단어가 툭 튀어나왔다. 당연히 놀랐다. '대체 얼마나 점수가 안 좋기에 제 스스로 자기를 쓰레기라고 했을까?' 하는 궁금증이 밀려왔다. 머뭇거리던 아들의 손에서 서둘러 성적표를 낚아챘다. 그리고 성적표를 읽어 내려갔다. 정말 쓰레기였다. 말도 안 되는 상황이었다. 아들이 중학교에 입학했을 당시만 해도 학교 교과 평균은 91점이었다. 그러나 받아든 성적표에는 '36'이라는 숫자가 쓰여 있었다.

"쓰레기 맞구나…."

"……."

"혹시 담배는 피우니?"

"응, 아빠랑 같은 거…."

미치고 환장할 노릇이었다. 어디서부터 잘못된 것인지 시간을 되돌려 보았다. '지금까지 참 잘해왔는데 불과 1년을 방치했다고 해서 이렇게까지 무너질 수 있는 것일까?' 별의별 생각이 다 들었다. 아들이 중학교에 들어가고서도 평소 성격대로 활발하게 학교에 다녔던 것으로 기억한다. 중학교 2학년 무렵, 아들에게서 전화 한 통을 받은 기억이 떠올랐다.

"아빠, 나도 귀가 시간을 좀 늘려주세요. 8시에 학원 끝나면 다른 친구들은 10시까지 들어가는데, 나만 집에 바로 들어가야 해요?"

"10시까지 뭐 하려고?"

"애들하고 축구도 하고 피시방도 가고 좀 놀고 싶다고요."

"오케이, 우리 아들이 원하니까 그럼 그렇게 해. 대신 10시를 넘기면 안 된다."

'그때 허락을 해주지 말았어야 했을까? 아니면 허락하는 대신 책임을 부여하는 것을 빠뜨려서일까?' 이외에도 많은 후회들이 재빠르게 스쳐 지나갔다. 하지만 정신이 아찔한 상황에서 뚜렷한 원인을 찾기란 쉽지 않았다. 중요한 것은 지금부터 어떻게 하느냐였다. 이 성적으로는 지역에서도 가장 낮은 고등학교를 가야 하는 상황이었다.

"공부는 하고 싶니?"

"하고는 싶은데…. 솔직히 친구들 유혹 때문에 자신은 없어."

맞는 말이었다. 공부는 하고 싶지만 아이들에게는 친구도 중요한 문제였다. 원래 중학생들에게 또래집단보다 더 중요한 것은 없다. 더구나 좀 노는 친구들이라면 더더욱 그 무리를 벗어나기가 어렵다. 그러니까 나쁜 짓인지 알면서도 또래집단이 한다면 해야 하는 것이다. 그것이 그들만의 불문율이다. 딱히 누가 정한 것은 없다. 그냥 제외되는 것이다. 그러니 학원에 다니고 싶어도 친구들이 불러주면 나가야 한다. 담배를 피우자고 하면 피워야 하고, 여학생들과 놀러 가자고 하면 응해야 한다. 강요도 없다. 폭력이 있는 것도 아니다. 그냥 싫으면 제외된다. 하지만 제외되면 또 다른 집단을 찾아야 하는데, 그것이 그리 쉽지 않다. 성향이 전혀 다른 친구들과 어울린다는 것은 사실 불가능하다.

그나마 아이의 입에서 "공부를 하고 싶다"는 이야기를 들어서 다행이었다. 나는 학교와 교육청을 동분서주하며 뛰어다녔다. 학교에서는 이미 내신정리가 끝나서 전학을 해줄 수 없다고 했지만 인근 지역 교육청에서는 전학을 받아주겠다고 했다. 결국 우여곡절 끝에 아들을 인근 지역 중학교로 전학시켰다. 그리고 일주일 뒤 아직 팔리지도 않은 집을 놔두고 대출을 받아 학교 근처에 거주지를 마련했다. 일단 나는 아들을 색연필(당시 아들이 있던 또래집단 친구들이 색깔별로 머리를 염색하고 다녀서 내가 색연필이라고 불렀다.) 무리로부터 떨어뜨리고 싶었던 것이다.

불행히도 인근 지역 인문 고등학교는 연합고사가 있었다. 쉽게 말해 시험을 쳐서 고등학교에 들어가는 전형이었다. 지역 정보가 밝지 않아 주거지 근처만 고집했던 것이 하필이면 그 지역에서 가장 성적이 높은 학교였던 것이다. 아들은 시험을 쳤고 다행히도 520명 중에 512등으로 입학을 했다. 나름 8명을 제쳤다고 격려해줬더니 나머지 8명은 '체육특기생' 전형이란다. 그러니까 고등학교를 '꼴찌'로 들어간 셈이다. 뒤늦게 알았지만 당시 정원에 1명이 미달이었다고 한다.

나는 서둘러 부서발령을 신청했다. 지금 담당하는 업무에서는 아들을 돌볼 시간적 여유가 없었기 때문이다. 다행히 인사 고

충이 받아들여져서 나는 수사부서에서 지구대 관리팀장으로 자리를 옮겼다. 아들과 보낼 수 있는 환경이 마련된 것이다.

그해 12월 말. 아들이 고등학교에 입학하기까지 남은 기간은 딱 2개월이었다. 가장 큰 문제는 기초 지식이 부족하다는 것이었다. '기초가 없는데 고등학교 공부는 어떻게 따라갈 것이며, 과연 공부라는 게 가능하기는 한 걸까?'라는 의문이 들었다. 이제는 결단을 내려야만 했다. 그리고 그 결정으로 인해 나의 대출 인생이 시작되었다.

인터넷상에서 유명하다는 과외 사이트를 찾아서 국어, 영어, 수학 세 과목 과외선생님을 뽑았다. 그리고 그들에게 동일한 조건을 제시했다. '1~2월 두 달 동안 중학교 1~3학년 과정을 모두 마스터시켜 달라. 대신 과외비는 다른 과외비보다 두 배를 지급해 주겠다'고 말이다. 월요일부터 토요일까지 매일 과외를 해도 상관없다고 했다. 아들에게는 처음으로 강요를 했다. 아빠의 선택을 믿고 두 달만 고생하자고…. 아들도 흔쾌히 따라주었다.

일요일에는 아이를 미술관으로 보냈다. 국내 어디든 미술관을 다녀와서 팸플릿을 내게 보여달라고 했다. 당시 무슨 생각으로 아들을 미술관에 보냈는지는 지금도 의문이다. 아마도 정신없이 공부하다 보면 심리적으로 건조 현상이 올 것 같아 미술관이 좋겠다는 생각을 했던 것 같다. 결국에는 이 미술관이 지금의 아들에게 큰 영향을 미친 것을 감안하면, 당시의 미술관 선택은 참 주효했다는 생각이 든다.

폭풍처럼 두 달이 흘렀다. 과외를 맡은 선생님들은 부모와 같은 인내심으로 아들을 잘 가르쳐 주었다. 그리고 아들은 학교에서 본 첫 중간고사 시험에서 전교 356등을 차지했다. 말 그대로 장족의 발전이었다고 볼 수도 있다. 하지만 내가 보기에는 '공부를 아예 안 하는 학생들'을 제쳤을 뿐이었다.

학교에는 네 종류의 학생들이 있다. 첫째, 공부를 아주 열심히 하는 학생 둘째, 공부를 열심히 하는 학생 셋째, 공부를 열심히 하지 않는 학생 넷째, 공부를 아예 하지 않는 학생이다. 그래도 효과가 보였으니 이제는 생활패턴이 중요하다는 생각이 들었다. 언제까지 부모가 아들을 따라다니며 잔소리할 수는 없다. 스스로 필요성을 느끼고 알아서 공부할 수 있도록 격려하는 방법밖에 없었다.

하지만 쉽지 않았다. 고등학교에 입학하고 나서 3월에 공부 좀 하는가 싶으면, 4월에 색연필 만나러 가 있고, 다시 5월에 공부 좀 하는가 싶으면, 6월에 여지없이 색연필을 만나러 가고 있었다. 부모로서 야단치는 것은 안 된다고 생각했다. 왜냐하면 나라도 아들의 상황이 되면 단번에 집념을 가질 수는 없을 것 같았기 때문이다. 그나마 이렇게라도 따라주고 애를 쓰는 모습이 안쓰럽기까지 했다.

아들은 담배를 끊지 못해 학교에서 여러 번 적발되었고, 이 일로 나는 학교에 불려간 적도 있었다. 하지만 아들에게 야단을 치지는 않았다. 대신 예의를 갖춰달라는 말은 빠뜨리지 않았다. 담배를 피우더라도 당당하게 피우지는 말아야 하며, 어른이 지나가면 담배를 숨기는 것이 맞는 것이라고 가르쳤다. 아들의 모습에서 애를 쓰고 있다는 흔적은 쉽게 볼 수 있었다. 예전보다 아들의 표정은 밝아졌고, 말하는 어투도 조금은 자신감이 있어 보였다. 적어도 미안한 것과 아닌 것의 차이를 보여주었다. 그렇게 1학년 1학기가 끝나고 여름방학을 맞이할 무렵, 아들이 나에게 폭탄선언을 했다.

"아빠, 방학 때 런던 갔다 올게요."
"런던에서 누가 부르디?"
"그게 아니고 꼭 런던을 갔다 와야겠어요."
"일단 왜 가야 하는지를 설명해 주면 생각해 볼게."
"갔다 와서 말씀드릴게요."
"그건 너무 위험한 생각이다."
"꼭 보내주세요."

'영어 한 문장 제대로 말하지 못하는 실력으로 어떻게 혼자서 그 먼 런던을 갔다 오겠냐'며 설득했지만 아들의 생각은 변함이 없었다. 며칠을 고민한 끝에 또 대출을 받았다. 그리고 학교에는 굳이 통보하지 않았다. 그리고 아들에게 부탁했다.
"아무나 할 수 없는 시간을 보내는 거다."

"아빠 고마워요…."

"뭘 배우려 하지 말고 그냥 안전하게 다녀오너라. 그리고 다녀와서 왜 런던에 가야만 했는지 꼭 말해줘."

"그럴게요."

당시 만 16세 아들은 그렇게 혼자서 7박 9일의 영국여행을 떠났다. 어쨌든 나는 아들을 믿었다. 런던에서 무엇을 가져올지는 모르지만 아들의 생각을 그냥 믿기로 했다. 비록 아들의 여행 내내 나는 잠 한숨 못 잤지만 말이다. 결국 아들은 여행을 끝내고 무사히 한국에 도착했다. 귀국한 날 저녁 아들과 나는 근처 공원에서 이야기를 나누었다.

"아들, 왜 런던이었어?"

"아빠 있잖아, 나 1학기 동안 학교에서 단 누구하고도 이야기를 해본 적이 없어…."

"그게 무슨 말이야. 친구들도 있고 선생님도 있잖아."

"내가 여기로 전학을 왔잖아. 전 학교에서 사고를 쳐서 강제전학 온 걸로 소문이 나고, 싸움도 좀 하는 걸로 알고 있었어. 또 학교에서 담배 피우다가 7번이나 걸렸잖아. 학교 선생님들도 나한테 한 번도 말을 안 걸어주시더라고…."

아들은 1학기 동안 '투명인간'이었던 것이다. 중학교 막바지 때 급하게 전학을 와서 당시 아이들에게 안 좋은 소문이 돌았고, 고등학교로 곧장 진학해서는 중학교 친구들이 소문을 낸 것 같았다. 평소 말도 없고 학교에서 몰래 담배까지 피우다 걸렸으니 그 학교 학생들의 정서에 비하면 '일진' 같은 역할을 담당하고 있었던 것이다. 아들은 1학기 동안 다른 학생들과 이야기를 해본 적이 없다고 했다.

"투명인간으로 있으니까 심심하잖아. 그래서 우리 반 아이들의 특징을 나도 모르게 적어봤지."

"무슨 특징?"

"그러니까 '영식이는 공부를 참 잘하는 데, 왜 수학을 못하지?', '이 친구는 보기보다 성격이 너무 좋아', '저 친구는 춤을 잘 추고 운동을 잘해' 이런 식으로 우리 반 아이들의 특징을 다 적었지."

"근데?"

"근데 마지막 내 이름을 적고 나도 잘하는 걸 적으려고 하는데 적을 게 없는 거야."

그래서 아들은 아무것도 적지 못했다고 했다. 그리고 그날 학교 구내식당에서 밥을 먹다가 우연히 텔레비전에서 '런던올림픽' 광고를 봤다고 했다. 그 순간 아들은 '런던'이 들어왔다고 했다. 그리고 '내가 혼자서 런던을 갔다 오면 다른 친구들에게 자랑할 것이 생기지 않을까?'라는 생각을 했단다. 만 16세 고등학교 1학년의 수준에서 말이다.

아들의 이야기는 놀라웠다. 그리고 미안했다. 공부를 다시 시작하고 지켜보는 것까지는 좋았지만 제대로 바라봐 주지 못했다는 미안함이 내 가슴을 짓눌렀다. 아이는 늘 집에서 씩씩했다. 아비에게 미안해서 오히려 씩씩한 모습을 보여주었을 것이다. 그리고 나는 그걸 곧이곧대로 믿었다. 아들이 학교에서 나름대로 생활을 잘하고 있는 것이라고 말이다. 그런데 그게 아니었다.

여행을 다녀온 후 아들에게는 놀라운 일이 벌어졌다. 아들이 혼자서 런던에 갔다 왔다는 이야기가 학교에 소문이 났고 이슈가 되었다. 1학기 동안 단 한 번도 이야기를 나누지 않았던 아들은 복도에서 만나는 선생님이 "오~ 런던~"이라고 부르면 어색하게 인사를 해야 했다. 수업시간도 예외는 아니었다. 영어 시간에 "런던~ 책 읽어봐" 수학 시간에 "런던~ 나와서 문제 풀어봐" 하며 그 여행으로 인해 아들은 '투명인간'에서 '런던 보이'가 되었다. 아들은 비로소 사람들의 관심을 얻게 된 것이다. 이러한 관심은 아들의 행동에 엄청난 변화를 가져왔다. 내가 봐도 너무 열심히 공부하고 있어서 걱정스럽게 물어보면 "내일 학교에 가면 선생님들이 또 시킬 것 같아서 도저히 공부를 안 할 수가 없다"고 했다.

아들은 그렇게 남은 2년 반을 열심히 생활해 주었다. 하지만 담배는 여전히 끊지 못했고 아쉽게도 원하는 대학에 떨어졌다.

대학에 떨어진 다음 날 아들과 나는 처음으로 소주잔을 부딪쳤다. 물론 최선을 다했으니 성적에 맞춰 대학을 가서 잘하면 된다고 격려해 주었다. 그러나 아들의 생각은 달랐다.

"아빠, 나 재수하고 싶어요."

"너도 알겠지만 재수한다고 성적이 오르는 건 아냐. 오히려 더 쉽지 않아."

"근데 아빠, 내 그래프가 여기는 아닌 것 같아서요. 1년만 더 하면 꼭짓점을 찍을 수 있을 것 같아요."

결국 아들은 재수를 했다. 그리고 화장실 변기를 두 개나 깨 먹을 만큼 지독하게 공부했다. 마침내 아들은 다음 수능에서 원하는 대학에 당당히 합격했다.

지금 아들은 군대를 제대하고 학교에 복학했다. 그러면서 똑같이 재수의 길을 밟고 있는 동생을 챙겨주고 있다. 비록 나의 휴대폰에는 여전히 아들의 이름이 '돈덩어리'로 저장되어 있지만 그래도 큰아들은 이제 내게 세상 둘도 없는 '친구'가 되었다.

새벽 1시에 나를 깨웠던 'ㅋㅋ'의 정체

"어떻게 하면 청소년들과 소통을 잘할 수 있을까요?"

많은 분들이 내게 자주 묻는 말이다. 그러면 나는 'ㅋㅋ'에 대한 이야기를 꺼낸다.

몇 년 전 청소년 업무를 시작할 무렵, 청소년들과 제대로 소통해 보려고 '카카오톡'과 '페이스북' 메신저에 특별한 관심을 가지고 있을 때였다. 카카오톡으로 난데없이 'ㅋㅋ'가 날아왔다. 새벽 1시에 온 메시지를 잠결에 보는 순간 나도 모르게 '에이' 하고 다시 고개를 돌려 누웠다. 그리고 다시 벌떡 일어났다.

"뭐지?"

족히 10분은 지났을 거다. 나는 혼자 멍하니 앉아 '뭐지? 뭐지? 뭐지?' 하며 혼자 계속 중얼거렸다. 나 스스로 어떤 확신 없이 뭔가를 보낸다는 것은 좀 당황스러운 일이다. 그렇다고 학생이 나한테 메시지를 보냈는데 그냥 모른 척하는 것도 예의는 아닌 것 같았다. 대꾸 없이 넘어간다면 분명 이 친구는 내게 다시는 메시지를 보내지 않을 것이다. 반응을 해야 할 것 같은데 아이가 실망하지 않을 답을 찾기가 쉽지 않았다. 혼자서 짧은 시간 동안 연구 아닌 연구를 거듭하다 드디어 답을 보냈다.

> ㅋㅋㅋㅋ

정확하게 'ㅋ'를 4개 보냈다. 무슨 실험을 하는 연구생도 아니고 보내고 나니 마음이 조마조마했다. 바로 답장이 왔다.

> ㅋㅋㅋㅋㅋㅋㅋㅋ

이번에는 'ㅋ'가 8개가 왔다. '아, 이거였구나.' 싶은 마음에 곧바로 나는 16개의 'ㅋ'를 보냈다.

> ㅋㅋㅋㅋㅋㅋㅋㅋㅋㅋㅋㅋㅋㅋㅋㅋ

그런데 이번에는 답장이 없다. 5분이 지난 후에도 마찬가지였다. 나는 또 '아, 이런 거구나' 하고 침대에 누워 잠을 청하려는 순간, 알림음이 울렸다. 여학생이 300개의 'ㅋ'를 보낸 것이다. 아이의 그다음 말은 더욱 멋졌다.

'쌤~ 안녕히 주무삼.'

그로부터 3개월 후, 그 친구에게 메시지가 날아왔다. 친구 문제인데 상담해 줄 수 있냐는 것이었다. 당연히 해주겠다고 했더니 그 친구를 초대하고 'ㅋㅋ' 친구는 나가버렸다. 상담의 내용은 사촌오빠한테 지난 5년간 성폭행을 당했다는 것이었다. 시간이 좀 지나서야 비로소 아이들과의 대화에서 'ㅋ'의 중요성을 알았다. 만일 그때 이 친구가 보낸 메시지에 응답하지 않았다면 3개월 후 친구의 문제로 나에게 상담을 요청해오지 않았을 것이다.

나중에 'ㅋㅋ' 친구를 만나 물었더니, 연락은 하고 싶은데 딱히 할 말이 없어서 그렇게 보냈단다. 나는 한 가지를 더 물었다.

"만일 아저씨가 그때 답을 안 했다면 어땠을까?"

"당연히 이후에는 연락을 안 드렸을 거예요. 제 톡을 씹었으니까요."

청소년, 참 어렵다.

" 대장님, 저 집에 좀 데려다주세요

나는 밤 11시 반에 휴대폰이 울리는 게 그리 놀랍지 않다. 휴대폰 화면에 뜨는 전화번호를 봤더니 꽤 오랜만에 연락해온 여학생이었다. 잠깐 셈을 했더니 고1 때 자주 보고, 고2 때 가끔 보고 그리고 거의 1년 만에 처음 연락이 온 것이다.

'안 좋은 일일 거야. 분명해.'

통화 버튼을 '휙' 그었다. 아이는 울고 있었다. 너무 심하게 울고 있어서 다짜고짜 "무슨 일이니?"라고 했지만 내 말은 들리지 않는 모양이었다. 울음을 멈추고 말문을 열 때까지 기다렸다.

여학생은 모 여고 3학년이다. 이 친구는 고1 때 내가 운영하는 청소년 동아리에 들어왔다. 당시를 생각하면 옷맵시나 말투, 행동 등 개성이 꽤 강한 스타일이었다. 외모도 예뻐서 동아리 남학생들에게는 인기가 많았지만 동아리 친구들과는 좀처럼 어울리지 못하는 특성도 있었다. 그래도 나에게는 언제나 씩씩하게 자기 할 말을 다 하는 나름 단단한 아이였던 것으로 기억한다. 이런저런 생각에 잠겨 있을 때쯤 조금 진정이 된 여학생이 말했다.

"대장님, 저 좀 집에 데려다주세요."

나는 무조건 그렇게 해줄 테니 무슨 일인지부터 알려달라고 했다. 어찌 됐든 혹시 응급조치할 일이 있는지가 먼저 확인되어야 하니까 말이다. 나는 시간을 아끼기 위해 차량 내 블루투스로 통화를 이어갔다. 만나서 이야기하겠다는 것을 급한 마음에 우는 이유부터 알려달라며 졸랐다. 여학생의 꿈은 아이돌 가수가 되는 것인데 부모님은 택도 없는 소리 하지 말라며 반대를 했다. 춤을 출 거면 집을 나가라고 해서 여학생은 사실 야간자율학습, 일명 야자를 빼먹고 부모님 몰래 댄스 연습을 할 수밖에 없었다. 그 기간이 고1 때부터 지금까지였다. 그런데 오늘, 정확하게 말하면 방금 전 아빠가 이 사실을 알고 화가 많이 났다는 것이다. 게다가 아빠가 담임 선생님에게 연락해서 그동안 야자를 했는지와 최근 학교생활을 물어보기까지 했다고 한다. 이후 아빠와 통화했는데 죽일 듯이 야단치면서 당장 집에 들어와서 이야기하자고 했단다. 그래서 춤 연습을 하고 있는 친구 집에 피신해 있다가 내가 생각났다는 것이다.

아이가 알려준 아파트 단지 안으로 들어가니 놀이터 그네에 앉아 있는 2명의 여학생이 보였다. 여학생을 차에 태우고 집으로 가는 길에 학생의 아버지에게 전화를 했다. 학생으로부터 내 이야기를 몇 번은 들었던 모양이었다. 나에 대해서 조금은 알고 있는 것 같아 일단 대화는 불편하지 않았다. 그리고 "지금 아이를 데리고 가니 잠시 밖에서 이야기하고 싶다"고 했다. 전화하는 내내 여학생은 살며시 들리는 아빠의 목소리에 꽤 신경을 쓰는 듯했다. 여학생의 아버지는 몸이 좋지 못해 이런 상황에서 나를 보고 싶지 않다고 했다. 보통은 이렇게 대화를 요청하면 부모님들은 받아주시는 편인데, 학생의 아버지는 무척 화가 나셨는지 아니면 본인의 자존심 때문인지 대화를 하지 않겠다고 해서 당황스러웠다. 비록 만나지는 못하더라도 나는 학생의 아버지에게 한 가지만 부탁드렸다.

"따님을 때리지 마시고 집에 들어오면 일단 재운 다음에 내일 말씀을 나눠 주셨으면 좋겠습니다."
그는 답변이 없었다. 그러다 한참이 지나서야 말을 꺼냈다.
"그렇게 하겠습니다."

아버지는 울고 있었다.

여학생이 사는 아파트 단지 안으로 좀 더 들어가자 학생의 어머니와 언니가 나와 있었다. 학생이 내리자 언니가 데리고 집에 들어갔다. 그리고 어머니와 잠시 이야기를 나눌 수 있었다.

학생은 어릴 때 목욕을 같이할 만큼 아빠가 애지중지 키웠다고 한다. 아빠의 사랑을 독차지해서 언니가 잠시 학창시절에 방황한 적도 있었다고…. 그런 공주가 고등학교를 들어가서부터 달라지기 시작했다는 것이다. 공부에는 전혀 관심이 없고 대학을 갈 것인지, 취업을 할 것인지도 모른 채 아무런 꿈도 없이 무작정 댄서가 되겠다고 하니 아빠가 당연히 반대를 한 것이다. 춤추는 걸 본 적이 있는데 솔직히 TV에 나오는 사람들처럼 그렇게 춤을 잘 추는 것도 아니라고 했다.

학생의 아버지는 술도 마시지 않고 담배도 피우지 않으며, 가정폭력을 한 적이 단 한 번도 없다고 했다. 그런 아버지가 딸아이를 때렸다는 것은 상식적이지 못한 행동에 화가 났기 때문이라는 것이다. 그때부터 자신이 잘못하면 아빠가 죽일 것처럼 때린다고 친구들이나 동네 사람들에게도 이야기하고 다닌다는 것이다.

내가 어머니에게 해줄 수 있는 말은 '타협'이었다. 지금 상황에서 부모의 일방적인 지도는 효과적이지 못하다는 것이 나의 생각이었다. 오랫동안 더구나 미쳐있을 만큼 춤이 좋다고 하니 부모님도 딸을 지지해주는 모습을 보여주고, 학생 또한 부모님이 원하는 생활패턴을 고쳐 잡을 수 있다면 일단은 해결의 시작점이 될 수 있을 것이다. 야자를 빼먹고 부모님을 속이는 것보다는 차라리 아이가 원하는 것을 밀어주되 부모님이 걱정하는 부분에 대해 노력해줄 것을 서로 '타협'해 보는 시간을 갖도록 권했다.

다음 날, 청소년 경찰학교에서 교육을 하고 있는데 어제 그 여학생의 아버지에게서 전화가 왔다.

"어제는 너무 죄송했습니다."
"죄송할 일 아닙니다. 어제 잘 참으셨어요?"
"그냥 모른 척하고 잤습니다."

아버지는 오늘 아이와 이야기를 해볼 생각이라고 했다. 아이와 타협을 한다는 것 자체를 생각하지 못했는데 한번 해보겠다고 했다. 정확하게 말하면 "타협을 해야겠네요…"라고 했다.

저녁 무렵 여학생으로부터 '대장님, 어제 구해주셔서 감사합니다'라는 문자가 왔다. '구해준 게 아닌데…'라고 생각했다가 한동안 학생의 문자를 물끄러미 보고 있자니 생각이 바뀌었다.

'맞다. 나는 어제 한 친구를 구했었구나.'

아이들과 이야기를 할 때 가장 중요하게 생각하고 마주하는 것이 있다. 무엇이든지 내 입장에서 아이들의 생각을 판단해서는 안 된다는 것이다. 내가 이렇게 말하면 다른 동료들은 반색하는 경우가 많지 않다. 그 시간에 아이를 데려다줬다는 것을 이해하는 사람은 단 한 명도 없다. 그런데 내가 아이를 데려다준 이유는 바로 그 여학생에게는 어제가 자신이 죽을 수도 있다는 생각을 할 정도의 상황이었기 때문이다. 물론 본래의 목적은 학생의 부모님과 이야기를 나누고 싶었던 것도 사실이다. 아무튼 아이와 아버지의 타협이 잘 되었으면 좋겠다.

" 뜬금없이 때로는 무례하게

이제는 익숙해졌지만 아이들은 참 뜬금없이, 때로는 무례하게 내게 전화를 걸곤 한다. 그렇게도 문자나 메신저로 먼저 의사를 물어보고 전화하라 했건만…. 소용없는 놈들이다. 하지만 이번 전화는 급할 만도 했다.

평소 친하게 지내는 친구는 아니었다. 평소 친하게 지내는 친구들은 그리 복잡한 일이 별로 없다. 어찌 보면 어중간하게 알고 지내거나 SNS와 같은 소셜네트워크에서 알게 된 친구들이 사실 상담의 대부분을 차지한다. 아이는 많이 다급했는지 말하는 본새가 예쁘지는 않았다.

"대장님, 급하게 물어볼 게 있어서요."

"그래, 무슨 일인데?"

"제가 지금 여자 친구랑 관계를 했는데요, 여자 친구가 생리 마지막 날이라서 임신이 되는지, 안 되는지를 걱정해서요. 저도 걱정되고요…."

전화를 거는 장소가 대충은 짐작이 갔다. 통화음이 시끄러워서 귀를 기울였더니 작게나마 음악 소리도 들리고, 음성이 울리는 것이 딱 '노래방'이라는 생각이 들었다. 여자 친구와 관계를 가지고서 대화를 하다가 그제야 '큰일 났다' 싶어 전화한 듯했다.

"관계를 언제 했는데?"

"방금이요. 여자 친구 바꿔드릴까요?"

"아니야, 아니야. 여자 친구를 왜 바꿔?"

"대장님, 임신 되는 거 아니죠?"

"일단은 대장님이 정확하게 알아보고 바로 연락해줄게. 내가 알기로는 생리 마지막 날이라면 임신이 안 되는 게 맞는데, 너희들은 어리니까 확실하게 안 된다는 말은 못하겠다. 우선은 지금 시간이 늦어서 산부인과도 못 가니까 정확하게 알아보고 연락해줄게."

이 상황에서 어떻게 여자 친구를 바꿔준다고 할 수 있을까?

여자 친구라는 이놈도 한 점 부끄러움도 없이 전화기를 받아서는 태연하게 "안녕하세요? 아저씨!"란다. 하여튼 이놈들은 이해 불가다.

내가 아는 상식으로는 생리 주기가 끝나고 배란기가 되기까지 일주일은 임신이 안 되는 것으로 알고 있다. 그래도 정확한 판단을 해줘야 할 것 같아 평소 친하게 지내는 보건 선생님에게 연락을 드렸다. 주말이라 너무 미안한 마음이었다.

"맞아요. 그런데 학생이라 생리 주기가 일정하지 않을 수도 있어서 안심할 수는 없어요. 일단 내일 수업 마치고 꼭 병원에 가서 진단받으라고 해주세요."

"진료 비용이 얼마나 들까요?"

"적어도 20만 원 정도는 들 거예요."

"적은 돈이 아니네요…."

녀석과의 대화는 월요일 방과 후에 이루어졌다. 어떻게 되었냐고 물었더니 어느새 목소리가 밝아져 있었다. 둘이 병원에 가서 진료를 받고 피임약을 복용했다며 태연하게 말한다. 덧붙이고 싶지 않지만 꼭 해야 할 말을 하면서 정작 내가 잘하고 있는 건지 헷갈리기도 했다. "관계할 때는 반드시 콘돔을 착용해야 한다"는 말이다. 거기에 안심이 되지 않아 생리 주기를 알려주는 어플까지 링크를 걸어주었다.

이제는 이런 전화를 받아도 놀라지 않는 것이 슬프다. 아니, 순응해야 하는데 그러지 못하고 버티는 내가 오히려 문제가 있다고 느껴진다. 결론은 또 가정에서 비롯된 것이다. 한 연구결과를 보면 가정이 불우할수록 청소년들의 성 경험 그래프가 올라간다고 한다. 내가 경험한 청소년들을 보아도 통계는 크게 벗어나지 않는다. 그들은 터무니없을 만큼 사랑을 못 받았으니까. 어찌 보면 서로가 서로에게 사랑을 보태주고 있는 거라 우기는 것도 이해는 된다. 그렇더라도 '사랑을 받기 위해 성관계를 한다'는 논리는 궤변이다.

청소년들의 성관계에 있어서 결정권은 남학생이 아닌 여학생에게 있다. 적어도 상당한 경험에 의하면 그렇다. 남학생들은 늘 야한 생각을 달고 살고 틈만 나면 수작을 부려볼까 고민하는 놈들이다(물론 표현이 과했다. 인정한다). 하지만 여학생들은 철저하게 순결을 지키겠다는 쪽과 사랑하는데 아무 상관 없다는 쪽의 두 부류로 나뉜다.

여기서 관계를 허락하는 쪽과 관련해 생각나는 이야기가 있다. 여러 사례에서 보더라도 '성관계를 허락했다'는 사실 자체가 해당 여학생에게 매우 큰 영향을 미친다는 것이다. 즉 한 번 성관계를 맺게 된 여학생은 횟수도 상관없다는 논리를 가지게 된다. 그래서 한 번이 열 번, 백 번과 별반 다를 게 없다는 간단한 공식으로 성을 허락한다는 것이다. 이는 여학생들에게서 직접 들은 이야기다. 정말 잘못된 생각이고 위험한 생각이다.

　청소년들에게 제공되는 성교육에서 무엇보다 가장 중요한 것
은 "너의 몸을 사랑할 줄 알아야 한다"고 가르치는 것이다. 결국
성관계는 예민한 신체에 큰 변화를 가져올 것이고, 이러한 결과
가 신체적·심리적으로 큰 악영향을 미치게 될 것이 뻔하기 때문
이다.

갑작스러운 등교 거부

딸이 이유 없이 학교에 안 가겠다면 어떻게 해야 할까?

한 여학생이 고등학교에 진학한 이후 지금까지 단 하루도 학교를 나간 적이 없었다. 이유도 없이 그냥 가기 싫단다. 가만히 있을 수 없어 부모가 갖은 방법을 동원했지만 그 이유를 알아내는데 실패했다. 여학생은 꽤 당당했다. 부모에게 막무가내로 버티는 힘은 대체 어디서 나오는 걸까 싶을 정도였다. 황당한 상황이지만 부모가 할 수 있는 건 딱히 없어 보였다.

여학생의 가정은 평범했다. 더군다나 막 나가는 청소년처럼 '막돼먹은 가정'에서 자란 것도 절대 아니었다. 오직 승진시험에 여념이 없는 성실한 아빠, 늦둥이까지 키우며 집에서 살림만 하는 엄마, 엄마의 설거지를 도와주는 2살 아래 남동생, 이제 갓 5살이 된 막냇동생이 가족의 구성원이었다. 가정 분위기가 나쁜 것도 아닌데 그 아이는 대체 왜 학교에 안 가겠다고 고집을 피웠을까?

중·고등학생들 중에서 등교를 거부하는 아이들은 대부분 학교에서의 '서먹함'과 '불편함' 때문이다. 중학교 때 이 여학생은 학교에서 왕따 피해를 당한 경험이 있었다. 놀라운 것은 아니다. 부모들은 '우리 아이는 절대 왕따를 당하지 않을 거야'라고 생각하는 것이 보통이니까. 대한민국 모든 자녀는, 특히 여학생은 언제라도 왕따 피해를 당할 수 있고, 또 왕따를 시킬 수도 있는 상황에 놓여 있다. 그렇다면 이 여학생의 등교 거부 이유는 '학교에 가면 서먹하고 불편하기 때문'이라는 쪽으로 좁혀진다. 이유가 그렇다는 것은 당연히 여학생을 서먹하게 하고 불편하게 만드는 요소가 있다는 뜻이다. 당사자인 여학생이 나와 직접적인 면담을 거부해서 어쩔 수 없이 톡으로 대화를 나눴다. 그리고 비로소 학교에 가기 싫은 이유를 알게 되었다.

아이가 학교에 가지 않는 이유는 단 하나였다. 중학교 때 자신을 따돌렸던 친구가 하필이면 같은 고등학교로 배정을 받은 것이었다. 단순하지만 너무도 타당한 이유다. 이후 나는 메시지로 대화도 했으니 가정에서 학생을 만나보고 싶었다. 밖에서 만나면 더 좋겠지만 집에서 나오지 않으니 어쩔 수가 없었다. 그래서 가정 방문을 시도했다. 하지만 만나지 못했다. 방문을 걸어 잠그고 나와 주지 않았기 때문이다. 이후에도 SNS 메신저로 친분을 쌓는 데는 성공했지만 끝끝내 직접 만나지는 못했다. 고집이 보통이 아니었다.

"때릴 수도 없고, 그렇다고 집을 나가라고 할 수도 없고 대체 어떻게 해야 할까요?"

어머니의 하소연이 저녁 시간 내내 전화기 너머로 흘러나왔다. 맞는 말이다. 때린다고 될 일도 아니다. 그렇다고 꼴 보기 싫으니 나가라고 할 수도 없다. 딸아이가 학교에 안 가겠다고 하는 건 정말 부모 입장에서도 막막하고 가슴이 미어지는 상황이다. 더구나 지금처럼 계속 방문을 걸어 잠그고 가족들과의 대화까지 거부하는 행동이 지속되면 정말 위험해질 수 있겠다는 생각이 들었다. 결국 학생의 고집은 아버지의 폭행을 불러왔다. 아버지는 도저히 참을 수 없는 나머지 아이를 혼냈는데 정도가 너무 지나쳤던 모양이다. 끝내 112 신고로 경찰이 들이닥치는 상황까지 벌어졌다는 이야기를 전해 들었다. 아버지와 통화를 시도했지만 "그냥 미치겠다"는 말을 연신 듣는 것 외에는 별다른 소득이 없었다.

아이는 입학하고서 한 번도 교실을 밟아보지도 못한 채 5개월 만에 학교를 그만두었다. 대안학교를 알아보고 특성화고로의 전학까지 교육청 장학사님을 괴롭혀가며 알아봤지만 학생의 자포자기를 이길 수는 없었다. 이후 한 달가량은 어머니를 통해 학생의 소식을 들을 수 있었다. 나름 표정도 밝고 전에 알고 지냈던 가출한 언니들도 이제 만나지 않는다고 했다. 무엇보다 나이 많은 오빠와의 교제도 끝을 냈단다. 또한 네일아트를 배우기 위해 서울까지 다니며 열심히 생활하고 있다고 했다. 이후 더 이상의 소식은 없었다.

그리고 어제, 약 두어 달 만에 어머니로부터 한 통의 문자를 받았다. 학생의 아버지가 다시 죽일 듯이 폭행을 해서 경찰서에 또 신고했다고 한다. 강아지를 키우겠다는 학생의 말에 안 된다고 했더니 말대꾸를 하면서 다툼으로 번졌고, 그러던 중에 폭행이 심해져 경찰에 신고했단다. 이제는 아버님이 더 걱정이다.

돌이켜보면, 문제는 타이밍이었다. 학생이 왕따 피해를 당했던 중3 끝 무렵 '당시 따돌림의 피해를 입고 친구들을 거부하는 불안정한 심리상태를 제대로 알아차리고 치료와 치유가 함께 병행되었다면 얼마나 좋았을까?' 하는 생각이 줄곧 아쉬움으로 남는다. 스토리로 구성해 보자면 가장 중요한 순간인 '위기 극복' 부분이 전개되지 못하고 싹둑 오려진 셈이다.

그래도 다행히 학생에게는 헌신적인 어머니가 계셨다. 나는 다시 한 번 어머니에게 학생의 병원 치료를 권하면서 함께 가겠

다고 했다. 학생은 지금까지 계속된 권유에도 옴짝달싹하지 않았
지만 그래도 한 번 더 이야기해 보라고 설득했다. 학생이 바로 옆
에서 듣고 있었는지 내 말이 끝나자마자 바로 답을 주었다.

"딸이 받아보겠다고 하네요. 그렇게 할게요."

내일은 남양주로 출장을 다녀오면서 학생과 함께 심리치료를
받으러 갈 것이다. 드디어 그 학생을 본다. 너무 오랜 시간이 걸린
게 못내 아쉽다.

아들을 정신병원에 보내야겠어요

"엄마, 책상 위에 있는 편지 한번 읽어보세요"라며 아들은 전화를 끊었다. 엄마는 문득 불길한 예감이 들어 아들의 방으로 달려가서 책상 위에 있는 하얀 편지지를 펼쳤다. 구구절절 써 내려간 아들과 여자 친구와의 사연이 무려 2장 반이나 되었다. 그리고 첫 장 맨 윗줄에는 떡하니 '유서'라고 적혀 있었다.

겨우겨우 잠들었는데 새벽 시간에 어느 학생의 아버지로부터 전화가 왔다. 그 학생은 내가 1년 넘게 관심을 가지고 지켜본 모고등학교 2학년 남학생이었다. 내게는 전화를 받을 때 언제 어디서든 꼭 지키는 습관이 하나 있다. 어떠한 상황에서도 전화를 받을 때는 공손하고 밝아야 한다는 것이다. 새벽 시간의 경우 아무리 잠에서 깼다 하더라도 내 목소리의 평균 발성은 도레미파솔 중에서 '솔' 발성에 가까워야 한다. 굳이 이유를 말하라면 상담하는 분들이 미안해하지 않게, 그래서 말을 아끼지 않게 하기 위함이다.

그런데 그날은 '솔' 발성을 내지 못했다. 멀리 지방 출장을 다녀왔고 또 돌아오자마자 청소년들을 만나 격려를 해주는 이벤트가 있었다. 물론 내 사정이다. 그래서 그날은 나도 모르게 '레' 발성으로 전화를 받았다. 순간 '아차' 싶었지만 남학생 아버지의 첫마디 때문에 몽롱함에서 깨어나는 데는 그리 오랜 시간이 걸리지 않았다.

"아들을 정신병원에 보내야겠습니다."

그러고 보니 1개월 전쯤이었다. 학생이 내게 전화를 걸어서는 다짜고짜 사귀던 여자 친구와 헤어졌는데 앞으로는 '경찰 공부'에 전념할 거라고 했다. 무슨 엉뚱한 소리냐고 말하고 싶었지만 너무 결의에 차 있어서 반대 대신 동조를 해줬다. 시험공부에 필요한 팁을 알려주고, 신분이 고등학생이니 현재 다니고 있는 학교에서 영어 중심으로 공부를 열심히 하면 된다고 충분히 격려까지 해줬다. 그런데 그 친구의 아버님이 전화를 주신 것이다.

"안 됩니다."

정신병원은 절대 보내서는 안 된다고 거듭 말씀드렸다. 물론 내용을 듣지도 않고 먼저 앞서 나갔다. 당연히 멀쩡한 놈이 한 달 사이에 정신병원에 갈 만큼 이상해질 수 있다는 건 상식적으로 있을 수 없는 일이지 않은가.

"병선이가 나중에 대학에 가고, 군대에 가고, 취업하고, 또 결혼할 때도 정신병원 진료 이력은 계속해서 따라다닙니다. 정신병원 이야기는 그리 쉽게 꺼내시는 게 아닙니다."
"그럼 어쩜 좋을까요? 경위님."

문제의 발단은 여자 친구와의 이별이었다. 겉으로는 거칠고 둔탁해 보이지만 그런 친구들이 은근히 여린 아기 같은 구석이 있다. 병선이가 그랬다. 내게 전화로 당당하게 여자 친구와의 이별을 알리고 새롭게 마음을 고쳐먹겠다고 자신만만했음에도 불구하고 한 달을 못 참고 엄마를 달달 볶았던 모양이다. 여자 친구가 보고 싶다고, 다시 사귀고 싶다고 조금 전까지도 어머니를 괴롭혔다. 자기 전화는 받지 않으니 엄마가 여자 친구에게 자신의 마음을 전달해 달라고 한 것이다. 그런 부탁이 벌써 5번이 넘는다. 아무리 자기 자식이지만 도저히 이건 아니다 싶어서 거절했더니 그때부터 방에서 물건을 집어 던지고 책꽂이를 뒤집어엎고,

심지어 어머니 앞에서 마치 정신이 이상한 사람처럼 발작 증세까지 보였다고 했다.

오전에는 유서를 써놓고 나갔단다. 그것을 어떻게 알았냐고 물었더니 아들이 친구를 만나러 간다고 해서 그런 줄 알았는데 몇 시간 뒤에 스스로 연락을 해서는 책상 위에 편지를 읽어보라고 했다는 것이다. 유서의 내용은 구구절절 애틋한 문장들이 빼곡히 적혀 있었다. 여자 친구와 사귀면서 좋았던 점, 헤어지게 된 이유, 결국에는 살 자신이 없어 죽을 테니 부모님 그동안 키워주셔서 감사하고 만수무강하시라고까지 적어놓았다. 그래서 잠까지 설쳐가며 머리를 부여잡고 고민하다가 나에게 전화를 하신 거였다.

경찰 입장에서 보면 유서를 쓰고 나서 자신의 유서를 봐 달라고 스스로 이야기했다는 점과 유서의 내용이 죽을 만큼의 이유가 되지 못한다는 점에서 큰 문제가 일어날 것 같지는 않았다. 물론 부모님도 아들이 쇼를 부리고 있다는 것을 알았지만 '만약에'라는 것 때문에 부모는 이를 쉬이 넘기지 못한다. 나 또한 고등학생 자녀를 둔 부모로서 생쇼로 받아들일 자신은 없다.

일단 헤어진 여자 친구와 통화를 하고 싶었다. 무슨 이유로 헤어졌는지를 알아야 답을 찾을 수 있으니까 말이다. 여자 친구와의 통화는 그리 어렵지 않았다. 단번에 통화가 가능하다고 문자가 왔다. 헤어진 이유는 예상했던 대로였다. '사귀는 동안 병선이의 성격 때문에 많이 힘들었고, 자기가 원하는 게 아니면 그 즉시 욕설을 쏟아냈다'는 것이다. 그래서 이제는 더 이상 병선이와 연결되고 싶지 않다며 울먹였다. 헤어진 여자 친구와 통화했던 내용과 평소 병선이의 행실을 고려해 조금만 더 지켜보자고 부모님을 설득했다. 그렇다고 지금 당장 정신병원에 넣어야 하는 건 아니니까 일단은 며칠만 지켜보자고 했다.

그리고 이틀이 지났다. 내가 예상한 대로라면, 병선이는 주말 내내 친구들과 어울리며 게임을 하고 놀았어야 했다. 그렇지 않고 아직도 쇼를 한다면 그때는 문제가 달라진다. 진지하게 접근해야 한다는 뜻이다. 그러면 정말 '정신병원'이 현실이 될 수도 있다. 아버지와의 통화를 마치고 이어서 어머니에게서 전화가 왔다.

"경위님 말씀대로 다시 친구들과 어울리기 시작했습니다. 여자 친구 이야기도 안 하고 표정이나 기분이 예전처럼 많이 좋아졌습니다."

확신을 이길 수 있는 건 직접 듣는 것이다. 직접 들으니 그제야 나도 안도의 한숨을 내쉴 수 있었다. 하지만 또 언제 변죽이 일어날지 모르는 일이다. 고등학생에게 사랑은 짧다고 하지만 내 생각에 청소년의 사랑은 간혹 아주 끈질기게 긴 사랑도 있는 것 같다. 그게 전부인 친구는 더더욱 문제다.

병선이에게는 따로 연락하지 않았다. 만일 연락해서 '어머니를 왜 그리 힘들게 하냐?'고 말한다는 것도 겨우 정신을 차린 아이에게 할 말은 아니다 싶었다. 내 방법이 옳다고 할 수는 없지만 추후에 병선이를 전문 기관에 치유 목적으로 상담을 의뢰할 계획은 있다. 하지만 그 또한 타이밍이 중요하다. 지금은 그 타이밍이 아니다.

" 스마트폰을 빼앗은 선생님을 고소합니다

학교에서 선생님이 학생의 스마트폰을 거두어가는 것에 대해 진지하게 생각해 본 적은 없다. 수업에 방해가 되니까 당연한 거라고만 생각했다. 상식적으로 충분히 이해가 되는 부분이다. 굳이 학교 규칙과 재량권을 인정하고 안 하고를 떠나서 대부분의 학교는 학생들로부터 스마트폰을 제출받아 보관한다. 그리고 하교 시간에 맞춰 돌려준다. 정말 긴급한 경우에는 사용할 수 있도록 하고 있으니 부모 입장에서도 나쁘다고 생각하지 않는다. 그런데 얼마 전 내가 담당하고 있는 학교 학생으로부터 점심시간에 전화가 왔다. 1학년 학생인 것 같은데 자기소개도, 인사도 생략하고 본론부터 툭 튀어나왔다. 다급했던 모양이었다.

"학교에서 선생님이 제 휴대폰을 뺏을 수 있나요? 불법 아닌 가요? 저는 선생님을 고소하고 싶어요."

"그래, 선생님이 잘못하신 게 뭐라고 생각하니?"

"아니 왜 학교에서 선생님이 마음대로 휴대폰을 뺏는 거예요? 저 여자 친구한테 중요한 전화를 받아야 하는데, 선생님이 저와 여자 친구가 헤어지면 책임질 것도 아니잖아요."

"그것 때문에 선생님을 고소한다고?"

"네, 저 진짜 여자 친구 전화를 꼭 받아야 하거든요."

"이름이 뭐지?"

"조영수인데요."

"그래, 넌 지금 바로 아저씨 사무실로 가서 기다리고, 아버지 연락처 문자로 보내. 아저씨가 지금 학교로 갈 테니까."

선생님이 자기 휴대폰을 강제로 수거했다고 선생님을 고소하겠단다. 그리고 휴대폰을 제출하지 못하는 이유가 여자 친구로부터 전화를 받아야 하기 때문이고 다른 이유는 없었다. 말 같지도 않은 이야기를 너무도 태연하게 주절주절해서 순간 화가 머리 끝까지 치밀어 올랐다. 여자 친구 때문에 선생님을 고소하겠다는 말을 경찰관에게 태연하게 할 정도면 심각한 문제다. 이대로 놔두면 정말 학생의 인성이 '쓰레기'가 될지도 모를 일이었다.

"조영수 학생 아버님 되시죠?"

"네, 누구십니까?"

"아, 저는 아드님이 다니는 학교 담당 경찰관입니다."

"이 자식이 또 무슨 사고를 쳤나요?"

"아버님, 지금 제가 아드님한테서 전화를 받았습니다. 자기 여자 친구한테 전화를 받아야 하는데 휴대폰을 선생님이 가져가서 그 선생님을 고소하겠다고 저에게 신고했습니다. 이놈을 제가 야단 좀 쳐도 되겠습니까?"

"네? 안 그래도 제가 그놈 때문에 미치겠습니다. 집에서도 엄마한테 대들고, 엄마 지갑에서 돈도 함부로 가져가고 제가 때려도 안 되니 이를 어떡하면 좋습니까?"

"제가 버릇을 좀 가르치겠습니다. 이대로 놔두면 쓰레기가 되지 않겠습니까?"

"경찰관님이 이놈 사람 좀 만들어 주십시오. 때려도 상관 안 할 테니까 제발 좀 부탁드립니다."

아버지의 말투에서 '질렸다'는 감정이 느껴졌다. 그동안 얼마나 부모 속을 썩였는지는 물어보지 않아도 대충 짐작이 간다. 중요한 건 이대로 놔두면 정말 몇 년 뒤 뉴스에나 나올 법한 '쓰레기'가 되어 있을 것 같아 솔직히 그게 더 걱정이었다.

'이참에 사람 좀 만들어야지.'

학교를 찾아가서 먼저 학생 안전부에 들렀다. 선생님에게 학생의 신고 경위를 설명하고 또 아버지와의 통화 내용도 설명했다. "때려도 좋다"는 아버지의 말을 강조해서까지 선생님에게 전달하고 상담실로 향했다. 상담실에서 만난 학생은 아는 얼굴이 아니었다. 한두 번 학교에서 마주친듯한 느낌은 있었지만 학교에서 이 친구에게 인사를 받아본 기억은 없는 것 같다.

"네가 여자 친구 전화를 받아야 해서 선생님을 고소하겠다고 했어?"
"네."
"세수하고 와."
"네."

꽤 긴 시간을 상담했다. 학생은 나에게 크게 야단을 맞았다. 진짜 크게 야단을 맞았다.

"잘못한 거 말해봐!"
"선생님을 고소하겠다는 마음을 가진 것이 잘못입니다."
"너 쓰레기야?"
"아닙니다."
"그럼, 쓰레기가 되고 싶어 막 미치겠어?"
"잘못했습니다."
"너, 어제 엄마한테 용돈 안 준다고 욕설했어, 안 했어?"
"했습니다."

"앞으로 어떻게 할 거야?"

"앞으로는 그러지 않겠습니다."

상담 후 아버지에게 전화를 했다.

"아드님이 오늘부터 달라질 겁니다."

나는 아버지의 하소연을 한참이나 듣고서야 전화를 끊었다. 대부분의 부모님은 어디서부터 문제가 시작되었는지를 찾으려고 하지 않는다. 그냥 현재 시점에서 아이의 잘못만 보고 애를 태운다. 결국 학생의 인성을 바른길로 이끌기 위해서는 부모님의 역할이 가장 크다. 걷잡을 수 없는 상황이 오더라도 그건 안타깝지만 부모의 역할이 만들어낸 결과라고밖에 말할 수가 없다. 아이들의 행동은 언제나 변화를 거쳐서 형성되는 것이지 한 번에 쓰레기가 되는 친구는 거의 없다. 다시 말하면 아이들의 변화에는 단계가 있고, 앞 단계에서 잘못된 점을 놓쳤다면 다음 단계에서라도 꼭 고치기 위해 노력해야 한다. 그런데 그러지 못하는 것이 아쉽다. 고치는 과정에도 잘못된 단계만큼의 계단이 있다. 결국 버티고 기다리는 시간을 얼마나 감당하느냐의 문제일지도 모른다. 그래도 내 자식이니까 못할 건 없지 않은가?

오늘, 학교에서 그 학생을 다시 만났다. 멀리서 뛰어와 인사를 한다.

'고맙다!'

짝꿍에서 원수가 되는 건 한순간

2학기가 시작된 지 얼마나 됐다고 학교에서 폭력이 발생했다는 전화가 끊이질 않으니 참 희한한 일이다. 학생들을 만나 자초지종을 들어보면 더욱 기가 찰 노릇이다. 학급에서 짝꿍과 사소하게 시작된 말싸움이 멱살을 잡고 실랑이를 벌이는 상황까지 이른다. 다른 친구들이 보고 있으니 숨어있던 자존심이 슬슬 기어나오면서 둘 중 한 명이 먼저 주먹을 휘두르는 것으로 시작해 큰 싸움으로 번지게 된다. 그러고 나서 정신을 차리면 무슨 일인지도 모를 만큼의 '멘붕'이 둘에게 엄습한다. 비교적 지금 말한 범위를 크게 벗어나지 않는다. 중·고등학교 남학생들 사이에서 새학기마다 발생하는 전형적인 주먹다짐의 실상이다.

학교에서 학교폭력이 발생하게 되면 법률상 학교폭력대책자치위원회(이하 학폭위)를 개최한다. 단단하고 울퉁불퉁한 친구들이 학급에서 사소한 일로 티격태격하다가 결국 일이 커져 조치를 받는 것이다. 별로 좋은 일은 아니다. 물론 근본적인 목적은 처벌이 아니라 선도와 보호가 목적이다.

대충 상황이 짐작이 되니 이제는 한숨이 절로 나온다. 안 들어봐도 뻔하다. 결국은 치료비와 합의 문제 때문에 눈살을 찌푸리게 될 것이다. 오늘 참석했던 학폭위 또한 그랬다. 때린 친구는 기초수급대상 가정의 자녀이고, 맞은 친구는 코뼈가 내려앉을 정도로 심하게 맞았지만 주먹을 같이 휘두른 건 사실이었다.

코뼈가 내려앉았다는 건 무엇을 의미할까? 학교에서 일반적인 선도대상을 뛰어넘는 행위로 보아야 한다. 그러므로 학폭위를 마땅히 열어야 하고, 학폭위를 연다는 것은 생활기록부에 기록된다는 것을 의미한다. 대학을 앞두고 있거나 취업을 앞둔 청소년들에게는 치명적이다.

그뿐만이 아니다. 코뼈가 부러졌다는 것은 금전적인 부분에서도 매우 부담스러운 상황이다. 일단 코뼈가 부러져서 수술을 해야 하고 성장기에 있는 학생이다 보니 수술 후 성형을 해야 한다고 의사들이 권고한다. 그럼 성형비용까지 부담해야 하고 그렇게 되면 보상해줘야 할 금액이 거의 수천만 원에 이르게 된다. 내가 한숨을 쉴 수밖에 없는 이유다.

사실 전혀 모르는 사이에서 싸움이 벌어지거나 우리가 소위 말하는 집단적이고 의도적인 괴롭힘에서 비롯된 질이 나쁜 학교폭력 행위는 그리 많지 않다. 학급폭력의 대부분은 학급 내 짝꿍 사이에서 발생하는데, 평소 친하게 지내는 친구끼리 어떻게 코뼈가 부러질 정도로 싸울 수 있는 것일까? 성장기에 있는 중·고등학생들은 그들의 주먹이 얼마나 단단하고 위력적인지 모른다. 그래서 때리고 난 후에 본인 스스로 놀라는 이유가 이 때문이다. 자신의 주먹이 흉기가 될 수 있다는 인식이 거의 없다.

이번 사건도 그랬다. 짝꿍인 둘은 쉬는 시간에 교실 컴퓨터로 음악을 트는 과정에서 서로 시비가 발생했다. 서로 듣고 싶은 음악을 먼저 틀려고 티격태격한 것이다. 듣고 싶은 음악을 가지고 말싸움이 나면서 감정 섞인 욕설과 함께 어깨싸움까지 벌이다가 주위에서 친구들이 보고 있으니 점점 자존심이 극에 달하기 시작한 것이다. 결국 참지 못한 친구가 먼저 주먹을 휘둘렀고, 서로가 뒤엉키면서 주변이 엉망이 되었다. 주위에 있는 친구들은 실컷 구경하다가 둘 중에 한쪽이 코뼈가 부러지거나 입술이 터져야 말린다.

청소년들은 참을성이 약하다. 우리 아이만 분노조절 장애가 있는 게 아니다. 내가 아는 청소년 대부분은 분노를 제어하지 못한다. 어찌 보면 지극히 상식적인 이야기다. 어른도 잘 조절하지 못하는 분노를 인내심이 약한 청소년들이 어떻게 조절할 수 있단 말인가? 결국은 '참을성'이라는 단어와 관련이 깊다. 그리고 그들의 자존심이 또 한몫을 거든다.

누구보다 청소년들은 '욱'하는 성질머리부터 가정에서 교육이 되어야 한다. 중요한 대목이다. 집에서 교육할 때도 절대 두리뭉실하게 이야기해서는 안 된다. 아이가 알아들을 수 있는 '눈높이에서 교육하는 것'이 필요하다. 만일 싸우게 되는 상황이 생기더라도 일단은 침착하게 대처해야 하며 주먹을 함부로 휘두르면 상대방이 큰 상처를 입을 수 있다고 콕 집어 이야기해줘야 한다.

청소년들에게 두리뭉실하게 이야기하면 열에 아홉은 이해하지 못한다. 이해를 못 한다기보다 중요하게 받아들이지 않는다. 기왕이면 구체적이고 정확하게, 예를 들어 설명하는 것이 좋다. 반드시 콕콕 집어서 교육해야 한다.

물론 이 문제는 학교폭력뿐만 아니라 성범죄 같은 강력범죄에 휘말리게 되는 경우 더더욱 구체적이고 심도 있게 이야기해야 한다. 친구들과 놀러 가는 아들에게 "조심해"라고 말하면 안 된다. "친구들과 놀 때 친구니까 무작정 따라가서는 안 되고, 같이 어울리면서도 친구가 나쁜 짓을 하면 어떻게 해서든 그러지 않도록 말려야 하며, 스스로 할 수 없을 때는 과감하게 도움을 요청해야 한다"고 구체적으로 말해줘야 한다.

상황이 좋지 않아 너무 화가 나서 학폭위가 진행 중인데도 코뼈를 부러뜨렸던 가해 학생을 심하게 야단쳤다. 그리고 어머니에게 물었다.

"만만치 않은 금액인데 진료비는 어떻게 마련하셨어요?"

학생의 어머니는 눈물만 보이셨다. 아들은 "죄송합니다"가 전부였다. 억장이 무너지는 건 결국 우리네 부모들이다. 중·고등학생 자녀를 키우는 부모라면 오늘부터라도 콕콕 집어서, 구체적이고 정확하게, 사례까지 들어주면서 아이들에게 충고해야 한다. 진심으로 당부를 드린다.

" 아이에 따라 나쁜 말도 필요하다

대체 이런 생각은 누구한테 배웠을까? 답이 안 나온다. 애들 말로 표현하자면 '핵노답'이다. 어디서부터 어떻게 가르쳐야 온전한 청소년의 모습으로 돌아올 수 있을까?

나는 예의 없고 단순하고 심지어 말과 행동이 거칠어지는 청소년의 행동보다 더 걱정되는 건 바로 어른으로부터 배운 잘못된 편법과 오만 그리고 쉽게 생각하는 편리적 마인드다. 잠재적이고도 앞으로 발전 가능성이 충분히 높은 잘못된 가치관과 성향을 어떻게 바로 잡을 수 있을까? 학교와 경찰, 이 둘에게 맡겨서 해결될 문제는 아니라고 생각한다.

이제는 휴대폰에서 페이스북 메신저 알림이 울리면 자다가도 깨어나 내용을 살펴본다. 오늘도 그랬다. 담당 학교 학생이 급한 듯 '대장님!' 하고 보낸 메시지를 눈을 반쯤 뜬 채 확인했다. 시간을 보니 자정을 훌쩍 넘긴 시간이었다. 이 시간에 오는 메신저는 특히 남학생들이 사건, 사고로 도움을 요청하는 경우가 많아서 누웠던 몸을 일으켜 소파에 앉았다.

우리가 소위 말하는 '좀 잘나간다는, 좀 논다는, 좀 생각이 없는 청소년들'의 머릿속에는 이미 계산기가 들어 있다. 놀라운 일은 아니다. 결국에는 돈이 필요한 이유에서 비롯된 것이겠지만 굳이 궁핍하지 않은데도 흥청망청 쓸 목적으로 일단 뜯어낼 수 있는 건 뜯어내고 보자는 식의 계산기가 작동한다. 순수하게 억울한 피해를 입었으니 뜯어내고 보자는 식은 그나마 좀 낫다.

결국에는 이와 같은 생각이 돈을 뜯어내기 위해 폭력과 같은 범죄를 저지르고, 심지어 성범죄까지 이어지는 사례들을 뉴스를 통해서 너무나 흔하게 접할 수 있다. 더 안타까운 것은 적어도 세상을 순수하게 바라봐야 할 나이에 벌써부터 계산기를 두드리고 있는 청소년들의 모습이다. '과연 이러한 생각과 수법은 대체 누구에게서 배웠을까?'라는 생각에 마음이 괴롭다. 비록 야단을 치고 훈계를 하지만 과연 이것이 효과적인 교육 방법인지에 대해서는 항상 의심하게 된다. 청소년 교육에 있어서 단 한 번에 이루어지는 교육 효과는 경험하지 못했으니까 말이다.

청소년들은 여러 부류로 나뉜다. 그만큼 상담과 교육도 그 부류에 맞는 스타일을 고집해야 한다. 부드러운 친구들에게 강한 어조를 사용하면 야단의 수준이 넘치게 되니 적절하지 못하다. 이와 반대로 센 친구들에게 부드러운 어조로 야단치는 것은 수준에 못 미치게 되니 교육 효과가 많이 떨어진다. 스타일에 맞춰 알아듣기 쉽게 교육을 해야 한다는 것이 내가 청소년 교육에 임하는 자세다. 그래서 나는 착한 말도 잘하지만 나쁜 말도 잘한다.

헤어진 이유는 맞춤법 때문

"남자 친구랑 잘 지내고 있지?"

"아니요."

"왜?"

"남자 친구가 맞춤법이 틀려도 너무 틀려서 그냥 헤어졌어요."

"엥? 맞춤법이라니…."

고등학교 1학년 여학생이 남자 친구와 헤어진 이유가 다름 아닌 '맞춤법' 때문이란다. 관점에 따라 서로 의견이 다를 수 있다. 남학생 입장에서는 "뭐 고작 그거 가지고… 여자애가 이상한 거 아니에요?"라고 말할 수 있을 것 같고, 여학생 입장에서는 "당연히 헤어져야지"라고 말할 수 있을 것 같다. 처음에는 나도 이해하지 못했다. 그런데 전 남자 친구의 맞춤법은 헤어질 만했다. 진짜로 그 정도면 헤어질 만하다.

어느 책에서 글자가 말보다 정직하다고 했다. 또 말은 마음을 담을 수가 없지만 글은 마음을 담을 수 있다고 했다. 그리고 글자를 보면 그 사람이 나를 어떻게 생각하는지도 보인다고 했다. 나역시 이 말에 동의한다. 타인의 글을 보면 단어 선택과 띄어쓰기, 심지어 접속사와 조사를 어떻게 적절히 사용하는지 보일 때가 있다. 일부러 본다고 해서 보이는 것은 아니고 그냥 저절로 보이는거다. 결국은 글자도 정성이다. 여학생의 남자 친구가 쓴 글은 정성스럽지 못했다. 지독히 무례했다.

청소년의 언어는 외국어 수준을 넘어 거의 외계어 수준이다. 오죽하면 어느 어머니가 자신의 딸이 요즘 친구들과 어떤 대화를 나누나 보려고 어렵게 비밀번호를 풀어 카카오톡 대화를 봤더니 정작 대화 내용이 이해가 안 돼서 곤욕을 치렀다는 이야기가 있을까. 그만큼 청소년의 언어는 어른들이 봤을 때 매우 이상한 건 사실이다. 하지만 아무리 이상해도 정도가 있다. 청소년들이 쓰는 언어가 이상하게 보여도 그들끼리는 '배려하는 글'이 있고, '정성을 다하는 글'이 있다. 학생들은 의외로 배려를 좋아한다. 그리고 정성을 다하는 글을 원한다. 아무리 그들의 언어가 초성어를 쓰고, 줄임말이라고 하더라도 여학생들은 결정적으로 마음을 다

하는 글을 원한다. 그런데 문제는 정작 남학생들은 그걸 모른다는 것이다.

나는 그 여학생에게 말했다.

"다음에 사귀는 남자 친구는 글을 잘 쓰고 배려를 아는 남학생이었으면 좋겠다."

" 학교를 그만둔 한 남학생

"죄송합니다. 아들이 학교를 그만두었습니다. 이렇게 결정할 수밖에 없었네요."

통화는 길어졌다. 어머니는 처음부터 끝까지 미안하다고만 했다. 안 그래도 아버지가 이런 결정을 하고 나서 전화를 드려야 하는 거 아니냐고 몇 번을 말씀하셨다고 했다.

"어쩌다가 그런 결정을 하신 거예요?"
"갑자기 그렇게 되었네요."
"특별한 일이라도 있었던 건 아니고요?"

"네. 특별한 일은 없었고 단지 아들에게 더 큰 일이 생길까 걱정이 되어서 충분히 이야기한 끝에 결정하게 됐어요."

어머니는 아주 오래전 이야기부터 최근에 계기가 되었던 일까지 풀어놓으셨다. 정말 많이 미안하셨던 모양이다. 최근에 어머니가 점집에서 아들의 사주를 봤다고 했다. 원래는 여동생의 사주를 보러 갔다가 아들도 한번 봐 달라고 했던 것이다.

"감옥 갈 사주야."

대뜸 고등학교 3학년이 되면 감옥에 간다는 점괘가 나왔다고 했다. 내가 보기에는 '조심하라'는 뜻 같았지만 학생의 부모님은 그렇게 받아들이지 못했다. 그도 그럴 것이 요즘 아이의 상태가 많이 안 좋아졌던 건 사실이기 때문이다. 일반 학교에 적응하지 못해 대안학교에 들어갔는데, 학교에 다니면서 여자 친구와 제법 사귀는가 싶더니 사귄 지 세 달 만에 헤어진 후 이별 후유증으로 부모님을 무던히도 괴롭혔던 것이다. 마치 꽤 높은 담벼락을 걸어가는 아이처럼 휘청거리는 생활을 했던 것이 어머니에게 크게 작용했을 거라는 생각이 들었다.

학생의 부모님은 불교를 믿는다고 하셨다. 그러면서 스님을 만난 이야기를 해주셨다. 아들이 세 살 때, 집 앞을 지나가는 스님이 업혀 있는 아들을 보고는 "아들 하나를 더 낳아야 합니다"

라고 했단다. 왜냐고 물었더니 자세한 이야기는 안 하고 "밥 빌어 먹지 못하니 아들 하나를 더 낳아야 이 아이가 괜찮다"고 하면서 지나갔다는 것이다. 그 이야기가 늘 머릿속에 남아 있었던 모양이었다. 어머니는 점괘를 받고 옛날 그 스님의 말이 떠올라서 아버지와 의논을 했다. 그리고 결국은 아들의 선택을 따르기로 하고 아이에게 물어보니 학교를 그만두겠다고 했단다.

"일단 아들에게 더 큰일이 생기면 안 되니까요."

결국 부모님은 이런 마음으로 결정을 내리셨다. 이게 가장 중요한 대목이다.

학생이 학교를 그만둔 지 이틀이 지났다. 학생은 대전행 버스표 사진 한 장과 대전으로 떠난다는 짧은 인사말을 페이스북에 남겼다. 그 아래로 '건강하게 잘 지내'라는 친구들의 댓글이 이어졌다. 나도 학생에게 전화를 걸었다.

"어디냐?"
"대장님, 대전입니다."
"대전에는 무슨 일로?"
"삼촌 일 도와주고 있어요."
"학교는?"
"그만두었습니다."

"무슨 일이 있었던 거니?"

"아니요. 학교에 다녀도 재미가 없고… 삼촌이 행사 전문 일을 하는데 배워보려고요."

아이는 생각보다 덤덤했다. 피곤해하는 것 같기도 하고, 미안해하는 것도 같았다. 그래도 티는 나지 않았다. 원래 그런 스타일이라는 것을 알기 때문에 서운하지 않았다. 이 학생은 고1 신입생 때 알았다. 건들건들하고 인상이 아주 거칠어 보여 '관심을 가지고 지켜봐야겠다'는 생각이 들었을 때 학교에서 크게 사고를 쳤다. 그 덕분에 가까워졌고, 그때부터 멘토링을 해왔다.

늘 불안했지만 다행히 그 이후로 사건은 단 한 차례도 없었다. 한번은 5월 8일 어버이날을 맞아 나와 함께 어머니를 감동시켜 드리는 깜짝 이벤트를 진행한 적도 있었다. 무슨 일이 있을 때마다 밤낮을 가리지 않고 상담을 했다. 사람 만들어 본다고 학교를 나오지 않으면 집까지 찾아가서 데리고 학교에 갔다. 여자 친구가 생겼다고 해서 같이 밥을 사준 적도 있었다. 이별 후유증 때문에 부모님을 괴롭힌다고 해서 내가 대신 여자 친구에게 "다시 한 번 생각해주면 안 되겠느냐"며 설득하기도 했다. 2학년 때는 학교를 그만둔다고 해서 대안학교를 선택했지만 결론적으로는 결국 이렇게 학교를 그만둔 것이다.

내가 노력해서 좋은 결과가 나오면 그건 정말 고마운 것이다. 하지만 '좋은 결과가 나오지 않아도 서운해하면 안 된다'고 항상 주문을 외운다. 그리고 냉정하게 다음 플랜을 대비한다.

"일 배우다가 힘들어서 못하겠다고 하면 앞으로 어떻게 해야 할지 걱정이에요."

"당연히 올라올 수도 있다고 생각하셔야죠. 어머니, 다시 올라온다고 하더라도 뭐라 하시면 안 됩니다."

"그래야죠."

나는 진심으로 학생이 잘 지냈으면 좋겠다고 생각한다. 그래도 삼촌이 옆에서 보호해 준다고 하니 다행이다. 어머니와의 대화를 마치려고 하는데 때마침 학생 아버지로부터 연락이 왔다.

"죄송합니다, 경위님. 정말 애 많이 써주셨는데…"

자식 문제에 점답은 없다

"어디서부터 잘못된 것일까?"

보통 이 질문이 상담의 시작이다. 일단 문제가 발생한 시점을 찾으면 그다음부터는 실마리를 푸는 방법만 같이 연구하면 된다. 그러나 어디서부터 잘못됐는지를 모른다면 이야기는 크게 달라진다.

고등학교 3학년 자녀를 둔 부모님이 상담을 요청한 적이 있다. 봄이었던 것으로 기억한다. 재혼가정이지만 자녀교육에 있어서 부모님은 소홀함이 없었고 부모로서도 크게 잘못된 행동을 보인 적도 없었다. 그런데 아이는 조금씩 삐딱해져 가고 있었다. 그것을 단정하는 것이 외박이었고, 외박은 곧 가출로 이어졌다.

나는 아이가 다니는 학교에 아는 친구와 연락해서 함께 저녁 식사를 하며 친근하게 잘못된 방향을 짚어줬고 '왜 지금이 문제인지'에 대해서도 설명해 주었다. 다행히 아이의 인성은 좋았고, 말투나 행동도 순박해 보였다. 더구나 같은 학교 친구가 옆에서 함께 거들었기 때문에 우리의 대화는 그리 나쁘지 않았다. 그 후로 많이 달라진 모습도 보여주었다.

그런데 일주일 후 아이는 다시 가출했다. 사실 난 그 이야기를 뒤늦게 알았다. 그 뒤로도 어머니는 아들의 다양한 비행 행동을 알려왔다. 가출 후 알게 된 형들과 공모하여 절도부터 사기, 심지어 학교 친구들에게 무분별하게 돈을 빌리고는 갚지 않아 학교 선생님에게까지 전화가 오는 상황이 벌어졌다. 그리고 고스란히 그 뒷일은 어머니의 몫이었다. 이후 아이는 나의 전화를 받지 않았고, 숱하게 문자나 SNS 메신저를 통해 글을 남겨도 답장이 없었다.

그리고 1년 뒤 우리는 다시 만났다. 만나기 전날 어머니는 내게 전화를 해서 상담을 다시 하고 싶다고 했다. 다행히 운이 좋게도 아들은 이제 어엿한 대학생이 되었지만 아직도 비행은 끝나지 않았고, 오히려 잦은 가출과 밖에서 만나는 무리 때문에 뒷일을 감당해야 하는 일이 더더욱 많아졌다고 했다. 그중에서도 어머니가 가장 걱정하는 것은 이전까지 자신이 감당했던 일들을 이제는 남편이 감당하고 있다는 것이다. 즉, 어머니와의 연락을 끊고 이제는 아버지와 연락하며 뒷일을 부탁하고 있다는 것이다. 이번에 다시 만나서 이야기해야 할 쟁점은 '독립'이었다.

이제 와서 아들은 독립하겠다며 자취방을 구해달라고 아버지에게 부탁했다. 물론 자취방을 구해주면 월세도 자신이 아르바이트해서 충당하고, 용돈에 대해서도 손을 벌리지 않겠다고 했다. 그래서 아버지는 자취방을 구해주자는 의견이었고, 어머니는 자취방을 구하면 더 큰 일이 벌어질 수 있으니 안 된다는 의견이었다. 아버지의 생각은 충분히 이해가 되었다. 불안하고 의심이 되더라도 결국 아들이 집에 들어오는 게 죽기보다 싫다면 방황하는 아들의 안전을 위해서라도 자취방을 구해주고 대신 입대 신청을 권유해서 부드럽게 아들을 타일러 보자는 것이다.

현재도 가출해서 집에 들어오지 않고 있다는 것을 뒤늦게 상담 과정에서 알았다. 생활비까지 지원하지 않고 있다는 말에 나는 그 부분은 "잘못되었다"고 이야기했다. 지금까지의 이야기를 종합해보면 그 아이는 돈 한 푼 없는 상황에서 또 누군가에게 빌붙어 생활하고 있다는 것이다.

어머니의 생각도 틀린 것은 아니었다. 지금껏 아들이 원하는 대로 믿고 해줬는데 약속을 지킨 적이 단 한 번도 없었다. 당장 어제도 집에 들어온다고 했지만 들어오지 않았고, 오늘도 들어올지 확신이 안 든다는 것이다. 다행히 큰 사고는 없어서 아직 희망이 있고, 그래도 집에 들어와서 가족과 함께 생활해야 중심을 잡을 수 있다고 생각하시는 것은 변함이 없었다. 만일 자취방을 구해주었을 때 그곳이 아들만을 위한 자취방이 될지 아니면 아들이 만나고 다니는 알 수 없는 무리의 아지트가 될지는 모르기 때문이다.

결국 나는 제안을 했다. 어머니와 아버지의 의견을 모두 받아들여서 아들이 약속을 다시 어겼을 때 대응할 수 있는 최상의 시나리오를 가지는 것이 중요하다고 말씀드렸다. 즉, 아버지의 의견을 따르면서 혹시 아들이 약속한 생활비와 월세 비용을 아르바이트로 충당하지 못하고 다시 손을 벌리거나 아니면 어머니의 걱정대로 나쁜 무리의 아지트로 변질하여 사고가 끊임없이 이어졌을 때는 어떻게 할 것인가에 대한 대안을 고민해보자고 했다.

"만약 아들이 약속을 어겼을 경우 그때는 방법을 달리 할 수 있겠습니까? 아들을 위해서 지금까지 했던 부드러운 방법 말고 강한 조치를 결심할 수 있겠습니까?"

나는 아버지에게 질문을 던졌다. 아버지는 천천히 고개를 끄덕였다. 단언컨대 자식 문제에 있어서 정답은 없다. 어떠한 상담자라도 이와 같은 상황에서 결단 있는 방법을 제시하는 상담자는 없을 것이다. 왜냐하면 모든 정답의 가설에는 문제가 야기될 소지가 존재하기 때문이다. 다시 말해 부드러운 방법을 사용하면 아들은 계속 부모를 이용할 것이고 사고와 사건은 끊이질 않을 것이다. 심지어는 여느 무리처럼 순진한 부모를 이용해 사기를 치는 등 지금 어울리고 있는 무리와 무슨 짓을 저지를지 모르는 상황이다. 그렇다고 강한 방법으로 경제적인 지원을 중단한 후 "네 인생은 이제 네가 알아서 살아!" 하고 연락을 끊어버리면 그 또한 아들이 더 큰 범죄에 연루될 우려가 있다. 결국 이러지도 저러지도 못하는 상황에 놓이는 것이다.

도저히 지금 상태로는 아들이 집에 들어와서 가족과 함께 생활할 수 없다는 것을 부모님도 공감하고 있었다. 우선은 아들이 원하는 자취를 시켜주되 현재 아들의 행동이 불안하고 최악의 경우 어떤 사건이나 사고에 연루될 개연성이 높은 상황이라 최대한 본가와 가까운 곳으로 자취방을 구하고, 수시로 방문하는 방법을 제안했다. 그러고 나서 가장 중요한 것은 아들이 약속을 어겼을 경우 어떻게 대처할 것인가에 대해 충분히 고민하는 것이다. 나는 반드시 부모님이 완성된 시나리오를 가지고 있어야 하고, 아들에게 설명을 해줘야 한다고 덧붙였다.

상담을 하더라도 꼭 완벽한 방법을 제시할 수만은 없다. 더구나 '가출'과 '학업중단'에 있어서는 뚜렷한 방법을 찾기란 쉽지 않은 것이 사실이다. 부모님의 무거운 발걸음을 보면서 조용히 휴대폰을 들어 아이에게 전화를 걸었다. 신호는 가는데 받지 않는다. 10번을 걸었는데도 말이다.

" 쉼터는 아이를 받아주지 않았다

몇 번째 '밥팅'인지 모르겠다. 그동안 너무나 많은 아이들과 밥팅을 했다. 아이들과 만나는 날에는 꼭 '밥'을 초대한다. 내가 할 수 없는 역할을 밥이 해주기 때문이다. 가출청소년에게 밥은 아이들과 내가 함께 건널 수 있는 '건널목'이자 그들의 이야기를 편하고 재미있게 끌어내는 '무한도전의 김태호 PD'와 같은 존재다. 단, 우리의 만남에서 '유느님' 같은 MC는 굳이 필요 없다. 그래서 아이들과 함께하는 밥은 참 맛있고 즐겁다.

오늘은 세 명의 가출 소녀를 만났다. 하윤, 예린 그리고 은희다. 모두 학교에 다녔다면 고등학교 1학년이다. 하윤이는 가출 소녀답지 않게 매우 이성적이고 합리적인 아이다. 보통의 가출 소녀처럼 가정에 문제가 있어서 거리로 나온 것이 아니다. 하윤이는 엄마, 아빠를 사랑하지만 집이 그냥 싫은 아이였다. 그래서 '가출팸'을 떠돌다가 정작 갈 곳이 없으면 집 가듯 쉼터를 찾는다. 그러면서도 자신의 위치를 부모님에게 보고하는 습관이 있다. 물론 매월 용돈도 받는다. 부모의 기분에 따라 용돈 금액이 차이가 있지만 그래도 최저 가출 생계는 된다고 한다. 실제로는 턱없이 부족하지만 말이다.

하윤이는 어제 여성·청소년 쉼터에 들어갔다고 했다. 집 가듯 찾아간 쉼터는 이름이 예쁜 쉼터였다. 하윤이가 가출한 것은 이번이 4번째이고, 초등학교 6학년 때부터 가출을 시작했다고 했다. 예린이, 은희와 함께 있었던 가출팸에서 가지고 나온 짐이라고는 별 모양이 그려진 빨간 베개가 전부였다. 나는 때가 묻어 색깔이 바랜 베개를 끌어안고 나온 이유를 물었다.

"그 베개는 뭐야?"
"제 것이라서요….."

생각보다 대답은 간단했다.

예린이는 고개를 들지 않는 아이다. 왜 고개를 숙이고 있냐고 물었더니 '생얼' 때문이란다. 화장을 안 하면 사람들을 잘 쳐다보지 못한다고 했다. 예린이는 쉼터보다 차라리 집이 좋다는 아이다. 그런데도 가출팸에 섞여 있는 건 "하윤이, 은희랑 같이 있고 싶어서"라고 했다.

나를 만나기 전 일어나자마자 라면 2개를 거뜬하게 먹었단다. 은희 말로는 너무 맛있어서 눈물을 흘리면서 냄비째로 국물까지 다 마셨다고 했다. 그리고 나와의 식사시간에 목살 스테이크 2개와 카르보나라 스파게티 2개를 시켰다. 은희는 터프한 스타일로 말도 빠르고 눈빛도 강렬하다. 무엇보다 단단해 보인다. 모자를 눌러쓴 이유는 얼마 전 가출팸이 있는 빌라에서 수도세를 내지 않아 3일 동안 씻지 못했기 때문이라고 했다. 그렇게 말하고서 모자를 더 꾹 눌러썼다.

중학교 2학년 무렵 서울에서 인천으로 가출했고, 이유는 말하지 않았다. 그리고 가출팸 사이트에서 만난 23살 오빠랑 함께 산다고 했다. 오빠는 큰방에서 자고, 자기는 작은방에서 예린이와 잔다고 했다. "왜 잘 알지도 못하는 오빠랑 같이 사냐?"고 묻고 싶지 않았다. 딱히 은희에게는 지난 3년 동안 선택할 수 있는 것들이 많지 않았으니까 말이다. 밥을 먹을 때 조심스레 물었다.

"하윤이처럼 쉼터에서 지내는 건 어때?"
"싫어요. 답답해요. 담배도 못 피우고, 통금도 있잖아요."

아이들과 함께 밥을 먹은 후에는 영화를 봤다. 영화에서 슬픈 장면이 나오자 훌쩍거리는 소리도 들렸다. 예린이는 2번째 보는 영화인데도 2번 다 울었다고 했다.

아이들은 내게 자신들의 아지트(?)를 알려주지 않았다. 나 또한 지금은 타이밍이 아니라고 생각했다. 예린이와 은희를 아지트 근처에 내려주고 하윤이를 쉼터에 데려다줄 생각이었다. 그런데 헤어지는 인사가 길어졌다. 좁은 골목에서는 차를 주차하기 힘들었다. 그래서 동네를 5바퀴나 돌며 이야기를 기다려 주었다. 차에 올라타는 하윤이가 말했다.

"은희도 지금 제가 있는 쉼터로 간대요."

쉼터로 가는 길에 쉼터 선생님께 전화를 걸었다. 친구랑 같이 센터에 들어가는 건 원칙적으로 금지되어 있단다. 이러한 상황이 꽤나 익숙한 듯 은희는 경찰관인 내가 자기를 발견해서 데려가는 거라고 말하면 된다고 했다. 은희는 하윤이랑 같이 있고 싶어 했다. 은희는 인천과 부천, 광명까지 쉼터의 현황을 다 꿰뚫고 있었고 전부 다 가봤다고 했다. 그리고 사고도 많이 쳤다며 머리를 긁적였다. 그동안 3군데의 쉼터를 갔었는데 3번 모두 규칙을 어기고 문제가 생겨서 쫓겨났다고 했다. 그게 중학교 3학년 때 일이었다.

하윤이를 쉼터에 먼저 들여보내고 쉼터 선생님을 만나 다시 부탁을 해도 소용이 없었다. 은희는 지난 3차례 쉼터 생활에서 모두 규칙을 어겼고, 지금은 우울증이 심해 자해하는 학생까지 있어서 은희를 받아줄 수 없다고 했다. 이해가 되는 부분이었다.

다른 친구를 받아주면 또 다른 친구가 튕겨 나갈 수 있기 때문이다. 결국 하윤이가 있는 쉼터에서는 은희를 받아주지 않았다. 다른 쉼터는 가기 싫다고 했다. 그곳에는 하윤이가 없다는 것이 절대적인 이유였다. 다시 가출팸이 있는 빌라 골목에 은희를 내려주고 집으로 향하는 길에 서글픈 공허함이 몰려왔다.

"서울이라고 했었지…. 은희 부모님을 만나봐야겠다."

한강 파티원 모집

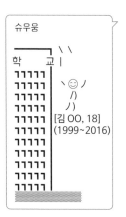

아마 이 그림을 부모님들이 보신다면 쓰러지실 거다. 한 학생
이 중간고사를 마치고서 톡 메신저로 이 이미지를 보내왔다. 과

연 정성이 대단한 이미지다. 스마트폰 자판으로 손수 그려가며 이미지를 만든 데다 내용도 얼핏 봐서는 충격적이다. 학교 옥상에서 '슝' 하고 뛰어내리는 학생의 표정은 해맑게 웃고 있기까지 하다. 더욱이 고인에게나 기록해두는 생의 기간까지 적어둔 걸 보면 상당히 정교하다.

"대장님, 지금 기분이 이렇습니다."
"시험 망쳤구나."
"망친 정도가 아닙니다."
"한강으로 갈 거냐?"
"아뇨, 학교 옥상도 나쁘지 않습니다."

이미지를 보고서 혹시나 하는 마음에 통화했더니 역시나 내 예상이 맞았다. 청소년들은 시험을 마치고 나면 SNS상에 '한강 파티원'을 모집한다는 글을 올린다. 처음에는 이게 무슨 말인지 몰랐다. 결론부터 말하자면, 시험을 망쳤으니 함께 한강으로 가서 뛰어내릴 사람을 모집한다는 뜻이다. 물론 하소연이지 누구를 정말로 모집하겠다는 진지한 결의는 아니다. 한강 파티원 모집 게시물이 올라오면 함께 시험을 망친 친구들이 댓글을 달기 시작한다. 너도나도 모두 시험을 망쳤다며 같이 한강으로 가자는 것이다. 개중에는 "한강은 너무 머니까 가까운 다리 위가 어떠냐"는 농담을 치기도 한다. 그러면 스트레스가 그나마 풀린단다.

정작 내가 학창 시절일 때는 몰랐는데 지금까지 청소년들을 만나면서 새롭게 발견한 사실은 모든 청소년들이 시험을 망친다는 것이다. 여태껏 수천 명의 청소년을 만나봤지만 "시험 잘 쳤니?"라는 물음에 단 한 명도 "네"라고 답하는 친구를 보지 못했다. 내 주위에 공부를 잘하는 청소년이 없어서가 결코 아니다.

얼마 전 특목고에 방문해서 강연한 적이 있었다. 그곳에서 학생들에게 물었다.

"여러분들은 부모님께 바라는 것이 있다면 어떤 게 있을까요?"

학생들의 대답이 대부분 비슷했다.

"제발 시험 끝나고 점수 몇 점이냐고 물어보지 않았으면 좋겠어요."

이런, 어제 내가 막내아들에게 했던 말이다. 근데 듣고 보니 충분히 공감된다. 청소년들의 시험 기간은 우울하다. 유쾌할 리가 없다. 아이가 시험을 앞두고, 시험을 치르는 과정에서 부모로서 해줄 수 있는 건 과연 무엇일까?

아이들이 나름 시험을 위해 스마트폰을 끄고, 페이스북을 비활성화하고, 놀이동산을 접고서 대신 독서실을 잡고, 스탠드 밑에서 졸든 공부를 하든 의자에 앉아 버티는 시늉이라도 했다면 부모로서 우리가 해줄 수 있는 것은 딱 한 가지 '위로'밖에 없다.

쉽지 않으시겠지만 시험을 끝낸 내 자식에게 "점수 몇 점이니?"
라는 질문은 제발 참아주시길 바란다.

2부

세상에 나쁜 아이는 없다

" 자녀를 위한 '비언어적 의사소통'

2017년 학교폭력 실태조사에서 전국 학교폭력 피해 경험률이 0.9%로 나타났다. 불과 5년 전인 2012년 당시만 해도 피해 경험률이 12.3%였던 것을 감안하면 그야말로 놀라운 감소세를 나타낸 것이다. 그렇다고 현장에서는 정말로 0.9%의 학교폭력이 발생하는 걸까? 사실 그렇지 않다. 아직도 여전히 우리 자녀들은 학교에서 또는 밖에서 친구들 때문에 마음 아파하고 있으며 특히, 최근에는 부산 여중생 집단폭행 사건 같은 '가출' 및 '학교 밖 청소년'들의 강력범죄까지 나타나고 있어 본질적인 대책을 원하는 목소리가 높다.

그렇다면 청소년 범죄와 이탈행위를 예방할 수 있는 근본적인 대책은 무엇일까? 수도 없이 듣는 이야기 중 하나가 가정의 역할이다. 오죽하면 요즘 청소년 자녀를 둔 부모들 사이에서 "오늘도 안녕하십니까?"라는 인사를 농담처럼 나눌까.

가정의 역할에서도 가장 많이 거론되고 있는 것이 바로 자녀와의 '소통'이다. 대부분의 부모는 자녀들과 불편함 없이 소통한다고 자신한다. 그리고 많이 노력하고 있다는 준비된 부모도 있다. 그런데 이상한 건 그럼에도 불구하고 아이들과 만나 이야기를 해보면 그건 '동상이몽'이었다는 느낌을 강하게 받는다. 대체 무엇이 문제일까?

청소년 전문가들은 흔히 청소년들이 자기중심적 성향이 강하고, 특히 다른 친구들과의 관계로 인해 동조 압력을 많이 받는 집단이라고 이야기한다. 또한 그 누구보다 방관자적 증후군을 지닌 채 생활하는 사회적 특징이 있어 청소년기야말로 신뢰가 전제된 의사소통이 실행되지 않으면 그 어떤 아이라도 비행에 빠질 우려가 크다고 주장한다.

한편 사춘기 전후로 성장기를 겪고 있는 청소년은 다른 어떤 시기보다 자기 세계관이 강하고 잘못을 저질러서 안 좋은 결과가 나왔을 때 '잘되면 제 탓, 못되면 남 탓'을 앞세워 오류를 범하는 사례가 적지 않다. 그러므로 이러한 현상은 청소년들의 일시적인 잘못을 지속적인 행위로 발전시킬 가능성이 클 뿐만 아니라 청소년 문제가 증가하는 주요 원인이 된다.

청소년을 자녀로 둔 가정 내 의사소통 방식은 어떨까? 무뚝뚝

한 아버지의 모습과 잔소리가 많으신 어머니, 그리고 늘 티격태격하는 형제자매가 있다. 자녀가 고민이 있어 부모에게 이야기하려고 하면 부모들은 2가지의 모습을 보이는 것이 보편적이다. 이야기를 들어주지 않는 모습과 이야기하려고 하면 자기 이야기만 하시는 부모의 모습이다. 결국 이러한 현상은 자녀와의 의사소통 기회를 차단하고 더 나아가 자녀의 성격을 어느 누구 앞에서도 표현하지 않으려는 성향으로 바꿔 버린다.

"표현을 잘하는 청소년은 안전하다."

내가 좋아하는 말이다. 하지만 "표현을 하지 않는 청소년은 매우 위험하다"는 것 또한 나의 주장이다.

그럼 부모는 '도대체 자녀와 어떻게 의사소통을 해야 할까?', '의사소통을 잘하려면 말을 유창하게 잘해야 할까?', '특별한 기술이 있어야 하는 걸까?' 등을 고민하게 되지만 그럴 필요가 없다. 자녀와의 소통에는 너무도 당연하고 단순한 원칙이 있기 때문이다.

미국 캘리포니아 대학 UCLA 심리학과 명예교수인 앨버트 메라비언은 1971년 출간한 저서 『Silent Messages』에서 커뮤니케이션 이론으로 한 사람이 상대방으로부터 받는 이미지는 시각적인 부분이 55%, 청각적 부분(음색, 목소리, 억양)이 38%, 언어적 요소(내용)는 겨우 7%에 불과하다고 주장했다. 이것이 바로 그 유명한 '메라비언의 법칙'이다. 다시 말해, 부모가 자녀와의 의사소통에서 신뢰를 얻으려면 말의 능력, 즉 어휘력은 7%에 불과하다는 것이다. 그보다 오히려 부모의 다정한 목소리, 항상 밝은 표정, 그리고 자녀를 편안하게 해주는 태도와 몸짓이 자녀와의 소통을 신뢰감 있게 만들어 준다.

굳이 자녀에게 "아들, 딸, 사랑해"라는 말을 하지 않아도 된다. 대신에 등교하는 자녀를 향해 "와, 아들 멋있는데?"라고 하거나 "너무 수고했어, 딸"이라는 말도 '사랑해'와 같은 의미가 될 수 있다. 왜냐하면 자녀는 부모의 언어만이 아니라 표정, 말투, 몸짓 등 이 모든 것을 신뢰의 요소로 받아들이기 때문이다.

진정성, 공감, 무(無)편견

부모와 자녀의 의사소통에 있어서 가장 중요한 것은 '신뢰'다. 그럼 자녀는 누구를 신뢰할까? 인본주의 상담의 창시자로 불리는 미국의 심리학 교수 칼 로저스는 의사소통에 있어서 '진정성'과 '공감', 그리고 '무편견'이라는 3가지 요소가 자녀와의 신뢰를 강화해준다고 말했다. 그렇다면 우리 부모들은 이러한 3가지 요소를 가지고 있을까? 부모가 자녀와 온전히 소통하기 위해서는 진정성 있는 마음과 공감대를 형성하려는 노력, 편견을 배제한 태도를 지녀야 한다. 이렇게 하면 상상하지도 못했던 자녀와의 꿀 같은 시간을 보낼 수 있다.

자녀들은 청소년기라는 특징 때문에 방어적이고 이기적인 성향이 강할 수밖에 없다. 하지만 상황을 정확하게 바라봐줘야 할 책임이 부모에게 있다는 것에 동의한다면 부모는 자녀의 성장을 돕는 데 그 책임을 올바로 활용해야 한다. 그리고 자녀에게 생길 수 있는 문제를 긍정적인 측면에서 접근하고 대화로 설득할 필요가 있다. 자꾸 부정적인 의문부호를 넣어서 이끌어가는 대화 패턴은 좋지 않다.

자녀에게 무엇보다 중요한 것은 '경청'이다. 자세히 들여다보면 부모는 자녀가 고민하고 있는 문제에 대해서 말을 꺼내기라도 하면 일단 말허리를 자르고 부모가 대화를 리드하려고 한다. 왜냐하면 먼저 걱정이 앞서니까 궁금해서 기다릴 수가 없는 것이다. 대체로 그러한 대화는 취조하는 듯이 자녀를 추궁하고 들볶게 되는 불편한 분위기를 만든다.

청소년들에게 물었을 때 부모에게 공통적으로 바라는 점은 '정말로 대화할 수 있는 모습을 보여 달라'는 것이다. 즉 청소년이 진정으로 바라는 것은 부모의 신뢰 있는 행동이다. 그리고 기왕이면 지속적으로 그러한 신뢰를 보여줄 것을 원한다. 한 번이 아닌 계속해서 이야기를 들어주었을 때 자녀는 자신의 고민을 가장 먼저 털어놓을 상대가 부모라고 생각하게 될 것이다.

"

부모의 허락이 자녀에게 미치는 영향

허락(許諾)의 사전적 의미는 '청하는 일을 하도록 들어주는 것' 이다. 사실 부모들에게 있어서 허락은 사전적인 뜻 이상의 의미 를 지녔다. 부모가 자녀를 양육하는 과정에서 허락은 매우 중요 한 '선택'이라는 것에 전적으로 동의한다. 왜냐하면 부모는 자녀 가 자랄수록 수없이 많은 허락을 해야 하는 선택의 기로에 놓일 수밖에 없기 때문이다.

유아기 때 아이는 '사람'보다 '사물'에 더 관심을 가지는 습성 이 있다. 초등학교에 들어가면서부터 본격적인 집단생활을 경험 하게 되고 습성 또한 점차 '사물'에서 '사람'으로 이동한다. 중학 교에 이르게 되면, 정확하게는 초등학교 5학년부터 중학교 2학년까지는 사람에 대한 관심이 증가하면서 '또래집단'에 대한 애착과 '이성'에 대한 관심이 커진다. 그리고 고등학교에 들어가서야 비로소 지난 시간은 유치하다고 생각하면서 다른 분야, 즉 자신과 관련된 분야를 탐구하기 시작한다. 대부분의 고등학생이 삶의 형태를 이해하고 삶을 이끄는 요소인 '문화와 진로' 등에 관심을 가지는 이유가 이 때문이다. 이는 누구에게나 보편적인 주기라고 보면 된다.

이러한 주기에서 부모가 마주하게 되는 관문이 바로 '허락'이다. 허락이 자녀에게 미치는 영향은 무엇일까? 그리고 허락의 중요성은 무엇을 의미할까? 내가 만나본 청소년들 중에서도 다소 어긋난 친구들(학교 부적응, 학업 저하, 가출, 학교 밖, 비행 등)과 상담할 때 언제나 등장하는 변수는 바로 허락이었다. 즉 부모의 '허락'이 자녀를 변하게 할 수 있다.

한 설문조사에서도 청소년의 심리와 행동을 변화시키는 요소 중 '허락'이라는 단계가 매우 중요한 부분임을 확인했다. 변화를 가져오는 허락의 시기는 초등학교 6학년과 중학교 1학년 시기에 가장 많이 나타났다. 구체적으로 여학생은 초등학교 6학년, 남학생은 중학교 1학년 시기가 가장 많다.

그렇다면 허락의 주요 쟁점은 무엇인가? 그것은 바로 '귀가 시간'이다. 즉 '시간의 허용'이 상당수를 차지한다. 이는 다시 말하면 통제를 완화하는 허락이 자녀에게 영향을 미친다는 것이다. 아무래도 그 시기가 또래집단과의 애착 관계가 두드러지는 점을 감안하면 어느 정도 예상이 가능하다. 아이들은 스스로도 부모로부터 보호받고 성장해야 하는 존재라는 것을 너무도 잘 알고 있다. 그리고 아이들이 속한 개개의 가정에는 저마다 규칙이 존재한다. 다만 이러한 규칙이 사춘기와 맞닥뜨리면 아이는 혼란스러운 시기를 겪게 된다. 하필이면 그 시기에 항상 자녀를 자극하는 또래 친구들이 있기 때문이다. 특히 또래집단을 좋아하고 이성에 관심을 가지는 시기를 겪으면서 부모가 모르는 많은 것들이 자녀를 파고든다. 또한 사춘기 시기가 되면 요구사항도 많아지는데 부모는 이러한 요구사항을 중요하게 생각지 않는 경향이 있다. '그저 하는 말이겠지, 누구나 겪게 되는 성장통이니까'라는 식으로 대수롭지 않게 생각한다.

그러나 자녀의 입장은 다르다. 허락하는 순간부터 자녀의 심리와 행동에는 기존에 없던 증후들이 나타난다. 나의 눈에는 그것이 매우 위험천만한 일로 느껴진다. 여기서 내가 '위험천만한 일'이라고 강조하는 이유는 통제선 안과 밖의 차이가 매우 크다는 것을 강조하고 싶어서다. 그래서 허락에는 '분명한 이유'와 '충분한 설득'이 동반되어야 한다. 허락을 하지 않는다면, 앞으로 자녀에게 생겨날 비밀들이 하나둘씩 늘어날 것임을 알아야 한다.

몇 해에 걸쳐 많은 청소년들과 부모님들을 만나면서 허락으로 인해 발생한 부작용의 사례를 자주 접했다. 그중에 대표적인 것이 '가출 가정'이었다. 어느 순간부터 허락이 부모와 자녀 간에 매우 중요한 영향을 미치는 꽤 놀라운 사실도 경험했다. 예를 들면, 평소 7시가 귀가 시간이었던 중학교 1학년 딸이 오늘 딱 하루만 친구 생일을 위해 9시까지 들어오면 안 되겠냐고 부모에게 허락을 구한다. 부모의 입장은 단호하다.

"안 돼."

계속되는 딸의 호소에도 불구하고 엄마가 허락해주지 않으니 이번에는 아빠에게 같은 방법을 쓴다. '허락을 꼭 받아내겠다'는 의지다. 결국 부모 마음은 '단 한 번뿐이고 또 내가 아는 친한 친구의 생일이라잖아. 이를 거절했다가는 딸의 입장도 걱정되니까 그 정도는 허락해도 아무 문제 없겠지'라고 생각을 바꾼다. 마침내 허락을 얻은 딸은 처음으로 부모의 통제를 벗어나 친구들과 짜릿한 시간을 보내는 즐거움을 맛보게 된다. 이 즐거움이란 중학교 1학년 시기에 그 어떤 행복과도 대체할 수 없는 것이다.

며칠이 지났을까. 딸은 또다시 부모에게 귀가 시간을 늦춰달라고 부탁한다. 이번에는 또 다른 핑계를 대면서 말이다. 당연히 부모는 안 된다고 하며 지난번 사례가 단 한 번의 허락이었다는 것을 강조하면서 딸을 설득시킨다. 이 과정에서 딸의 생각은 부모와 정반대다. 딸은 부모의 논리를 쉽게 받아들이지 않는다. 그리고 부모를 설득하기 위해 갖은 방법을 동원한다. 딸은 지난번에도 약속을 잘 지켰고 아무 문제가 없었는데 왜 안 된다는 건지 오히려 화가 나는 상황에까지 이른다. 결국 부모를 설득하는 방법에는 '거짓말'이 등장하게 된다. 자녀는 단 한 번의 허락으로 거짓말이라는 잘못된 방법을 알게 된 것이다.

결국 이 여학생은 점점 더 요구하는 횟수가 늘어났다. 특히 맞벌이 부모 밑에서 자란 아이들에게 이러한 사례가 많다. 안타깝지만 결손가정에서는 더욱 많이 발생하는 것이 사실이다. 왜냐하면 부모는 자녀에게 늘 미안하니까 믿어주는 것만으로도 자녀가 기분 좋아할 일이라고 생각하기 때문이다. 허락이 또 다른 허락을 불러오는 것도 모른 채 말이다.

많은 사례 중에서도 허락으로 인해 발생하는 가장 큰 부작용은 가출이다. 위에서 언급한 사례도 어느 가출 가정의 이야기다. 가출 경험이 있는 초·중·고생 대부분의 가출 형태는 이와 매우 비슷하다. 남녀 성별에서도 그리 큰 차이는 없다. 여학생의 경우에는 가출로, 남학생의 경우에는 학교 부적응과 학교 밖으로 이어지는 비행행위로 허락의 부작용이 주로 나타난다.

허락할 때의 2가지 체크 포인트

뭔가를 허락하면 모든 자녀가 이렇게 잘못된다는 말은 아니다. 다만, 허락을 할 때 매우 중요한 체크 포인트가 있다. 일단 허락의 단계로 돌아가서 부모는 자녀를 허락해야 할 때 다음의 2가지를 확인하자.

첫째, 부모가 허락해야 하는 일이 구체적으로 무엇인지를 꼼꼼히 따져 물어야 한다. 쉽게 말해 허락해도 되는지 아닌지에 대한 정확한 정보를 얻는 것이 매우 중요하다. 대다수의 부모는 자녀가 하는 이야기의 테두리에만 관심이 있다. 아쉽게도 '명제'로 생각하지 않아서 상세하게 물어보지 않는다. 누구의 생일이며, 누구랑 만나는지 그리고 대략 무엇을 하려고 하는지 정도는 요목조목 물어볼 필요가 있다. 이것은 통제를 벗어나는 자녀를 위해 스스로 '안전장치'를 생각할 수 있도록 도와주는 것이다.

둘째, 자녀가 외출하고 돌아왔을 때는 어떤 일을 했는지 확인하는 과정이 필요하다. 물론 취조하는 방식은 금물이다. 자연스럽게 궁금하다는 듯이 이야기를 끄집어내는 것이 중요하다. 하지만 부모는 '그냥 시간을 지킨 것만으로도 되었다'고 생각하기 쉽다. 그래서는 안 된다. 자녀가 시간을 연장하면서까지 밖에서 시간을 보내고 왔다면 당연히 확인해야 할 필요가 있다. 누구와 어디서 어떻게 시간을 보냈는지, 좀 더 구체적으로 확인하려면 친구에게 어떤 선물들이 오고 갔는지, 그 선물들을 좋아했는지, 축하를 위해 무엇을 했는지 등을 자연스럽게 묻고 대화하는 소통이 중요하다.

대체 이런 시시콜콜한 것들을 왜 물어봐야 하는 걸까? 안 그래도 부모는 자녀에게 늘 꼰대로 취급받는데 이럴 때 "그냥 쿨하게 자녀를 믿어주는 게 더 좋지 않나요?"라고 반문하는 부모도 있다. 그런데 그렇지 않다. 이러한 확인이 필요한 이유는 자녀에게 '허락'의 중요성을 강조해야 자녀 스스로가 허락이 특별한 것임을 인식할 수 있기 때문이다. 그렇기 때문에 부모가 더 알고 싶어서 확인하는 것임을 자녀에게 보여줄 필요가 있다. 그렇지 않으면 이번 허락은 특별한 것이 아니며, 다음에도 이런 부탁을 언제든지 할 수 있는 '흔한 일'이라는 생각을 가질 수도 있기 때문이다.

그렇다면 반대로 허락하지 않는 경우를 살펴보자. 부모의 허락을 얻지 못하면 자녀는 '상심'을 겪게 될 것이다. 보통 자녀들은 부탁하기 전에 이미 허락해줄 것이라는 기대감을 가지고 부모에게 이야기한다. 그렇기 때문에 만일 거절을 당한다면 자녀가 느낄 상실감은 매우 커진다. 따라서 허락을 거절해야 한다면 자녀의 감정이 다치지 않도록 거절 이후에도 신경을 써야 한다. 즉 다정한 설득이 반드시 수반되어야 한다.

한편, 허락하게 되면 그 순간 보이지 않는 변화를 가져오는 시작점이 될 것이다. 허락을 경험한 이후 자녀의 기대치는 이제 9시까지가 아닌 10시, 11시로 높아질 것이다. 7시가 매우 불만이라는 생각을 할 수도 있다. 허락할 때 반드시 수반되어야 할 것이 바로 '책임'을 부여하는 것이다. 약속의 중요성을 상기시켜주는 것도 필요하다.

여전히 비행 청소년들과 방황하는 청소년들이 많다. 그렇다면 그들은 초등학교 때부터 아니, 유아기 때부터 문제가 있어서 비행을 저질렀을까? 당연히 그렇지 않다. 그들이 변하게 된 이유는 분명 성장 과정에서 여러 요소들과 더불어 부모가 허락했던 무언가도 영향이 있었을 것이다. 그것이 '경험'이든 '사고'이든 아니면 '상실'이든 '획득'이든 말이다. 따라서 부모는 자녀에게 주는 허락이 청소년기에 보이지 않는 변화를 가져오는 시작점이 될 수 있다는 것을 명심해야 한다.

기꺼이 화해할 수 있는 용기

부모들은 대개 비슷하다. "우리 아이가 반 아이 전체에게 피해를 입었는데 어떻게 화해를 하라는 말씀이세요?"라며 빤히 내얼굴을 쳐다보는 경우가 대부분이다. 이럴 때 되도록 설명은 구체적이고 인과관계를 정확히 짚어주어야 한다. 어느 한 단락에서도 누락되면 자칫 오해의 소지가 깊어진다. 쉽게 말해 차근차근이해가 잘되도록 설명해드리는 것이 중요하다.

어느 날 갑자기 경남 지역의 한 어머니에게서 연락이 왔다. 일전에 지방 강연을 했을 때 내 강의를 듣고 혹시 몰라 연락처를 저장해두었다고 했다. 나는 반갑게 인사를 했지만 어머니는 나만큼 그리 반갑지 않은 목소리였다.

"선생님, 저번에 강의 들었던 학부모예요."

"아, 네. 어머님, 안녕하세요."

"긴히 상의드릴 게 있어서 이렇게 갑자기 연락을 드렸어요. 누구한테 물어볼 사람도 없고 해서요."

"괜찮습니다. 편하게 말씀하세요."

"제 아들이 올해 초등학교 6학년인데 덩치가 좀 큰 편이에요. 그러다 보니 학교에서 사실 다른 아이들을 괴롭힌 적이 몇 번 있었어요. 하지만 대부분 경미한 거라 그냥 잘 넘어갔습니다. 그런데 얼마 전 학교에서 우리 아이가 학급 반 전체 아이들에게 괴롭힘을 당했어요. 맞고 그런 건 아닌데 반 아이들 전체가 우리 아이 책상 위에 욕설을 써놨다고 하네요. 그 소식을 듣고 당장 학교 선생님에게 연락을 했습니다. 그런데 그다음부터 어떻게 해야 할지 모르겠어요. 가해 학생 중에 일부 부모들이 저와 만나자고 계속 연락이 오고, 학교에서는 학교폭력대책자치위원회를 열겠다고 하시는데 이럴 때 저는 어떻게 하면 좋을지 조언을 듣고 싶어서 연락드렸습니다."

"반 아이 전체가 아드님에게 그렇게 했다는 건가요?"

"네. 선생님이 조사해보니까 우리 아이만 빼고 반 아이 전체가 다 했다고 하네요."

"가해 학생 부모들은 왜 어머님을 만나자 하는 건가요?"

"사과하고 싶다고요. 저는 솔직히 너무 충격적이어서 사과는 커녕 경찰서까지 가서 신고하고 싶은 심정이에요."

"아이는 지금 어떤가요?"

"처음에는 많이 놀라서 당황했는데 지금은 좀 괜찮아진 것 같아요. 그런데 학교를 가려고 하지 않아요."

"저라도 그럴 겁니다. 아이들 한두 명과의 문제도 아니고 반 아이 전체가 그렇게 행동했다면 자기가 왕따를 당한다고 느낄 거예요. 어머니의 솔직한 마음을 듣고 싶은데요. 이 사안이 어떻게 처리되면 좋을까요?"

"아이들이 한 행동이 괘씸해서 경찰서 신고는 아니더라도 학교에서 징계를 줬으면 좋겠어요."

"그러면 어머니 마음이 좀 풀리실까요?"

"그거라도 해야지요. 저렇게 단체행동을 해서 우리 아이를 괴롭혔는데 가만히 있으면 안 되잖아요."

"아이는 뭐라고 하던가요? 반 아이들이 징계를 받았으면 좋겠다고 하던가요?"

"네. 아들은 무조건 징계를 내려서 처벌을 받아야 한다고 이야기합니다."

"그런데 어머니, 저는 생각이 좀 다릅니다. 아이의 앞으로가 더 걱정이 돼요. 만일 어머니와 아이가 원하는 대로 학교폭력대책자치위원회를 열어 학교폭력 조치를 받았다 하면 모든 학생부에 기록이 올라갈 것이고, 자체 징계를 받으니까 당장은 아이의 기분이 좋을 수 있겠지만 그다음이 문제라는 생각이 듭니다."

"또 괴롭힐까 봐 그렇다는 건가요?"

"아뇨. 징계를 받았으면 반 아이들은 절대 그런 행동을 하지 못할 겁니다. 그렇게 되었으니 아이는 같은 반에 있을 수 없어 다른 반으로 학급교체가 이루어질 것이고요. 문제는 징계를 받은 전체 아이들이 아드님을 따돌리는 것은 물론 아드님이 학교에서 욕설을 하거나, 누구를 험담하거나, 누구를 괴롭히는 일이 발생하면 즉각 학교에다 신고를 할 것입니다. 왜냐하면 '나도 당했으니 너도 당해봐라' 하는 식으로요. 그렇게 되면 무분별하게 신고가 이루어질 것이고, 오히려 아드님이 학교에서 견딜 수 없는 상황이 올 수도 있을 것입니다. 그게 저는 가장 걱정스러운 부분입니다."

"그럼 어떻게 하는 것이 좋을까요?"

"화해하는 게 맞습니다. 이왕 이렇게 된 상황이라면 무엇보다 반 아이들이 왜 그런 행동을 하게 되었는지 그 원인을 찾는 것이 중요합니다. 그렇다면 당연히 반 아이들과 아드님이 이야기를 해야겠죠. 대체 무엇 때문에 이런 사단이 났는지 말입니다. 그리고 근본적인 원인을 찾아 해결하는 것이 중요하지 않을까 싶습니다."

"이미 학교에 신고해서 학교폭력대책자치위원회가 열린다고 연락을 받았는데요?"

"괜찮습니다. 아이가 피해가 없고 화해를 원한다면 가해 학생들은 조치를 받지 않습니다. 먼저 가해 부모들과 이야기를 해서 학교에 요청하여 아이들과 이야기를 나누는 시간을 조정해달라고 학교에 요청하는 게 좋을 것 같습니다."

"아이가 싫어할 것 같은데요…."

"아이의 의견은 지금 상황에서는 조금 거리를 두는 게 좋습니다. 아이는 지금 많이 흥분되어 있고, 행위만을 생각하고 분노를 가지고 있을 것이 분명합니다. 하지만 제 생각에는 가해 학생들이 한두 명도 아니고 반 전체가 그렇게 했다면 분명 아드님의 행동에도 그들을 분노하게 만드는 이유가 있었을 것으로 보입니다. 상식적으로 말이죠."

"감사합니다. 아이 아빠랑 의논을 다시 해봐야 할 것 같네요."

아이들의 문제는 '작용'의 문제다. 어떤 원인이 더해지면 그에 따른 결과가 나온다는 것은 누구나 상식적으로 알 수 있는 것들이다. 그런데 우리는 왜 그러한 사실들을 쉽게 알아차리지 못하는 걸까? 그것은 바로 '감정'이 끼어들기 때문이다.

사람에게 물어보는 것이 아니라 상황에 물어보면 된다. 조치를 어떻게 하느냐에 따라 어떤 결과가 나올 것인지를 말이다. 그러한 감정적인 조치 때문에 아이를 놓고 실험한다는 것은 너무 위험하지 않은가? 그 실험이 아이에게 어떤 영향을 미칠지를 생각하면 아이가 좀더 안전해질 가능성으로 생각을 모아야 한다. 적어도 이건 우리 자녀들에 대한 문제이기 때문이다.

" 나를 울린 소심한 여학생

특강은 언제나 즐거워야 한다. 적어도 청소년들을 대상으로 하는 강연은 재미있어야 한다. 그렇지 않으면 학습 이전 단계에서 습득하겠다는 자세를 이끌어내지 못한다. 물론 강연의 주목적은 팩트의 전달이다. 청소년들의 정서에 맞는 레이아웃으로 강의 자료를 꾸미고 추임새와 제스처로 강연의 흥을 돋우는 것이 나의 강연 스타일이다.

오늘 강연은 1년 만에 다시 찾은 인천의 유명한 특성화고에서 진행되었다. 원래 강연시간은 50분이었지만 학생들의 열띤 분위기 때문에 학교에서도 이 분위기를 깨고 싶지는 않았던 모양이다. 교감 선생님의 강연 연장 제스처를 확인하고 시계를 보니 강연은 1시간을 넘기고 있었다. 보통은 쉬는 시간을 주거나 아니면 강연시간을 50분으로 나누는 게 보통이다. 하지만 오늘 강의는 학생들의 반응이 좋아 자동 연장되었다.

강연한 지 1시간을 넘길 무렵 나는 학생들을 향해 말했다.

"지난 17년, 18년, 19년을 살아오면서 이 무대에 올라와 5분 간 자기 얘기를 할 수 없다는 게 말이 되나요? 5분이 아니라 50 분, 아니 5시간을 줄줄이 이야기해도 모자라야 하는 거 아닌가 요? 우리는 왜 우리의 이야기를 하지 못하고 늘 다른 사람 이야 기의 청중이 되어야 하는 건가요? 자, 지금 무대를 여러분들에게 드리겠습니다. 자신의 이야기를 여기 있는 800여 명의 전교생 앞 에서 해줄 주인공은 나와 주세요. 3학년 중에 없습니까? 그럼 2 학년 중에는요? 마지막 1학년 중에 용기 내어 이 무대에서 자기 얘기를 해줄 친구 없습니까?"

'청소년들에게 심어주고 싶은 5가지 용기'라는 주제를 펼쳐놓 고 나는 힘차게 외쳤다. 나의 가치를 알릴 수 있는 시간을 스스 로 가져볼 용기, 어느 누구도 할 수 없지만 나는 할 수 있다는 결 단을 보여줄 학생을 찾고 있었다. 800여 명의 전교생이 웅성거렸 지만 실제 "저요!" 하고 선뜻 나오는 학생은 없었다. 1층에 자리 한 1~2학년을 향해 외치고 이어서 2층에 앉아 있던 3학년 학생 들을 향해 외쳤다.

갑자기 3학년 여학생이 손을 번쩍 들었다. 시간은 5분이었고 주제는 없었다. 마이크를 건네받은 여학생은 무대 정중앙에 자리를 잡고서 자신이 살아온 이야기를 해주었고, 열심히 공부해서 고객들에게 가족 같은 은행원이 되겠다고 말했다. 내용이 유독 특별하거나 대단한 것은 아니었지만 떨림이 없는 목소리에서 '이 친구는 항상 준비되어 있었구나'라는 생각을 느끼게 해주었다.

무대에 올라와 800여 명이 넘는 어마어마한 자리에서 자신의 이야기를 한다는 것은 정말 대단한 용기다. 결국 나는 그 용기를 보고 싶었고, 그 용기가 자신에게 어떠한 영향과 변화를 가져다주는지 직접 체감시켜 주고 싶었다. 왜소해 보이는 3학년 여학생이 유독 큰 거인처럼 느껴져 나를 흐뭇하게 해주었다. 전교생의 박수를 받으며 3학년 여학생은 자기 자리로 돌아갔다. 이제는 2학년 중에서 나왔으면 좋겠다는 생각을 했다. 나는 다시 외쳤다.

"그동안 18년을 살면서 이 많은 사람 앞에서 나의 이야기를 용기 있게 해줄 친구가 있으면 나와 주세요. 그럼 이 무대는 바로 여러분의 것이 될 거예요!"

나는 외치고 또 외쳤다. 하지만 여기까지였다. 머뭇거리는 학생들은 많이 있었지만 선뜻 앞으로 나오려고 하는 학생은 없어 보였다. 할 수 없이 다음 강연으로 넘어가려는 찰나, 2학년이 앉아 있는 어딘가에서 소리가 들렸다.

"저요."

검은 뿔테안경에 밴드로 긴 머리를 묶은 여학생이었다. 교복을 단아하게 입고 있었다. 언뜻 보아도 소심해 보이는 여학생이었다. 걸어 나오는 모습과 표정을 보면서 '이런 용기와는 좀 어울리지 않아 보이는데…'라는 생각이 들었다. 이 학생은 무슨 이야기를 들려줄까? 마이크를 건네받는 손이 떨고 있었다. 학생은 마이크를 입에 갖다 댔다.

"저는 초등학교, 중학교 때 왕따를 당했던 경험이 있습니다. 따돌림으로 많이 힘든 시간을 보냈고, 그 때문에 사람들과 잘 어울리지 못하는 병도 생겼습니다. 어느 누구에게도 이야기할 수가 없었고, 도움을 요청하고 싶어도 누구를 찾아야 할지도 몰랐습니다. 그렇게 저의 성격은 소심하게 변해갔지만 그런 대로 잘 견디며 여기 학교로 왔습니다. 제가 지금 용기를 내어 여기 무대에 선 이유는 오늘 이 자리에서 여러분들과 친하게 지내고 싶어서입니다. 왕따를 당했었지만 이제는 잊어버리고 이 학교에 있는 동안 좋은 친구들을 사귀고 내가 경험하지 못한 좋은 추억을 만들고 싶습니다. 많이 떨립니다. 제 모습이 어떨지 걱정되고 올라온 게 조금은 후회되기도 합니다. 하지만 제가 용기를 낼 수 있었던 것은 지금 내가 보내고 있는 이 시간을 더 이상 후회하면서 보내고 싶지 않기 때문입니다. 다시 한 번 여러분들과 좋은 시간을 보내고 싶습니다. 이야기를 들어주셔서 감사합니다."

2학년 여학생이 이야기를 마치고 무대를 내려가는 모습을 지켜보면서 나는 한동안 말을 잇지 못했다. 말을 하면 울컥거리는 목소리가 들킬 것만 같아 잠시 호흡을 고르고 있었다. 1분이 지났을까? 나는 전교생들에게 방금 용기를 내어준 학생에게 뜨거운 박수를 보내 달라고 부탁했다. 전교생들은 열렬한 박수를 보냈고, 몇몇 학생들은 일어나서 갈채를 보냈다.

지금까지 거의 5년 동안 2만여 명이 넘는 학생들 앞에서 강의하면서 나를 울린 학생은 단 한 사람도 없었다. 그런데 이날만큼은 나는 아주 기분 좋은 눈물 테러를 당했다. 영화에서나 보았고, 유튜브에서나 보았던 감동의 순간을 목격했다. 그야말로 소름이 돋는 순간이었다. 아마도 청소년을 만나는 동안 이 순간이 나에게 결정적인 동기부여가 될 것임에 틀림없다. 이전에도 확고했지만 오늘 나는 여전히 청소년을 위한 활동에 미쳐도 되는 또하나의 이유가 생겼다. 개인적으로 만나보고 싶었지만 눈에 띄게 하고 싶지 않았다. 나만 그런 줄 알았더니 교감 선생님도 감동을 받았던 모양이다. 방금 감동을 안겨준 학생의 연락처를 알아봐 달라고 했더니 그렇게 해주겠다고 했다. 그리고 이번 달 학교의 주인공으로 발표를 해준 두 명의 학생을 선정해서 오늘의 용기가 정말 값진 용기였고, 다른 학생들에게 본보기가 될 수 있었으면 좋겠다고 했다.

무엇이 여학생으로 하여금 무대로 올라오게 만들었을까? 직접 물어보지 않아서 알 수는 없었지만 아마도 간절함에서 나왔을 것이라고 생각한다. 여기에 절박함과 행복해지고 싶은 갈망까지 말이다. 지금까지 수백 회 이상 청소년을 대상으로 강연하면서 이렇게 스스로 나와서 자신의 이야기를 하는 학생을 본 건 오늘이 처음이었다. 사실 이것은 어른들에게도 쉽지 않은 무대다. 말은 쉽게 할 수 있겠지만 800여 명이 넘는 학생들 앞에서 자신의 이야기를 한다는 것은 결코 쉬운 일이 아니다. 강의가 끝나자 아이들은 제각각 자기 교실로 돌아갔다. 감동을 주었던 여학생의 주변에는 같은 반 친구들이 달라붙어 함께 가는 모습이 보였다. '오늘 하루 이 학생은 어떤 마음으로 가득 차 있을까?'라는 기분 좋은 생각을 하고 있을 때 발표를 했던 3학년 여학생으로부터 메시지를 받았다.

　"제가 나갈 수 있는 무대를 만들어 주셔서 고맙습니다. 오늘 이후부터는 더 열심히 살게요. 처음에는 떨리기도 했지만 막상 자기소개를 하고 나니 그동안 느낄 수 없었던 자긍심이 생겼어요."

　나도 그 학생에게 앞으로 더 열심히 살아야 하는 이유를 가르쳐줘서 고맙다고 얘기했다. 오늘 일과가 끝나면 한숨을 돌리고 나는 2학년 여학생에게도 메시지를 보낼 생각이다. 그리고 이렇게 말해 줄 것이다.

"용기 내줘서 진심으로 고마워. 넌 틀리지 않았어."

요즘 아이들은 거북이다

'얼마나 답답했으면 전화를 했을까?'

시계는 자정을 갓 넘기고 있었다. 그저께 당직을 하고 다음 날 쉬지도 못한 탓에 오늘은 평소보다 좀 일찍 잠이 들었다. 눈이 반쯤 감긴 채 손으로 더듬거리며 머리맡에 있는 휴대폰을 찾아 통화버튼을 눌렀다. 발신자가 누구인지도 확인하지 않았다. 방 안이 어두워서 휴대폰을 잡고 있는 내 손만 뿌옇게 보일 정도였다. 누가 들어도 내 목소리는 많이 탁해 있었다.

"여보세요?"

"누구니?"

"주무셨어요? 대장님."

"아니야, 괜찮아. 무슨 일 있니?"

"흑흑흑…."

아무 말도 하지 않았다. 나는 듣고만 있었고, 학생은 울기만
했다. 이유가 있으니까 울었을 거다. 이럴 땐 듣고만 있어도 위로
가 된다는 걸 경험으로 배워서 잘 알고 있다. 3분 정도가 흘렀다.

"무슨 일 있구나?"

"아빠한테 맞았어요."

"왜?"

"친구랑 전화하고 있었는데 아빠가 늦은 시간에 전화한다고
때렸어요."

"그거 때문에 때렸다고?"

"흑흑흑…."

이번에는 울면서 뭐라고 이야기하는데 말이 눈물에 잠겨서
제대로 알아들을 수가 없었다. 3분이 또 지나고 나서야 이야기를
정확하게 들을 수 있었다. 여전히 감정을 추스르지 못한 목소리
였지만 말이 울음 속에 잠기지는 않았다. 생각보다 걱정할 건 아
니었다. 그냥 오늘따라 아버지가 컨디션이 안 좋았던 거다. 거기
에 운이 안 좋게도 학생이 아버지의 화를 돋운 셈이다. 학생은 늦

은 시간에 통화를 했을 뿐인데 아버지는 늦은 시간에 통화한다고 자기 뺨을 두어 차례 때렸다는 것이다. 아이는 서럽고 너무 분해서 운 것이다.

아버지와 통화를 하지는 않았지만 학생의 말은 학생의 항변일지도 모른다는 생각도 들었다. 아버지에게는 누적되어 온 것에 대한 불만이 오늘 폭발했을지도 모른다. 추측하는 데에는 그만한 이유가 있기 때문이다. 학생은 현재 정신적으로 경계선에 있는 친구다. 이상한 징후가 뚜렷하게 있는 것도 아니지만 그렇다고 보통 친구들처럼 속도가 평균적인 것도 아니다. 전체적으로 속도가 좀 느린 친구다.

학생은 그동안 부모와의 마찰이 심했다. 물론 부모에게도 이야기를 모두 들었다. 중학교 때부터 고등학교 2학년이 될 때까지 수많은 시도와 노력을 해봤지만 달라지는 게 없었다는 것이다. 아들의 이기적인 성격을 지적하며 밤늦게 통화하는 것에 대해 여러 차례 주의를 줬음에도 계속해서 전화를 해서 너무 화가 나 손찌검을 했지만 미안하다고 사과도 했단다. 이 학생은 거북이 같을 뿐이다. 느리지만 길을 잃은 친구는 아니다.

지난해 통장을 잃어버렸다며 어떻게 해야 하냐고 물어본 적이 있었다.

"지구대에 분실 신고하고 은행에 가서 재발급받으면 돼."
"재발급은 어떻게 하는데요?"

"신분증이 없으니 엄마한테 주민등록등본 발급받아 달라고 말씀드려서 학생증과 같이 가져가면 돼."

분실 신고를 어떻게 하는지 모를 수 있다. 재발급을 어떻게 하는지 모를 수 있다. 그런데 중요한 건 알아보려는 노력이다. 궁금하면 찾아보면 된다. 요즘 인터넷은 모르는 게 없으니까 인터넷을 찾아보면 더 자세하게 알려준다. 요즘 청소년은 게으르다. 정확하게 말하면 게으르기 때문에 스스로 찾아보려는 적극성이 부족하다. 어려운 것이 아니지만 아이들에게는 어렵다.

하루 일과를 끝내고 늦은 시간 들어온 아들 혹은 딸에게 간식을 챙겨주고 잠깐의 여유를 이용해서 통장을 분실하면 어떻게 해야 하는지 물어보자. 말이 끝나자마자 휴대폰으로 찾아보면 안심해도 된다. 하지만 "글세…"라며 두 눈 멀뚱히 쳐다보며 모르겠다고 하면 간식을 빼앗아도 된다. 휴대폰으로 찾아보라고 화를 내도 된다.

나에게 전화를 한 학생은 게으름 때문에 자주 집에서 찬밥신세가 되곤 했다. 마음이 게으르면 안 된다고 그렇게 말을 해도 듣지는 않고 자신의 불평만 말한다. 이러한 사정 때문에 아이 아버지 입장을 모르는 것은 아니지만 그래도 나에게는 중립적으로 잘 말씀드려야 할 의무가 있다.

"하지만 아버님, 그래도 손찌검을 하시는 건 안 될 일입니다.

결국 그 게으름이 누구로부터, 언제부터 시작되었는지 생각해 보면 손찌검을 해서는 안 되는 이유를 아실 겁니다. 때리는 건 절대안 됩니다. 정말 부탁입니다. 충분히 다른 방법이 있습니다."

다음 날 학생은 학교에서 내게 전화를 했다. 어제 자기가 우는 바람에 내가 못 알아들었을 것 같다며 다시 이야기를 하겠다고 전했다.

"괜찮아, 충분히 알아들었어."

" 거침없는 요즘 애들의 연애 클라스

청소년들의 페이스북 '프로필 사진(프사)'을 보면 연예인 혹은 남자 친구 사진으로 양분된다. 대부분은 '자유로운 연애 중'이고, 졸업한 학교는 '잘생겼는대(학교) 사겨볼과(학과)?'다. 아직 고등학생인데 말이다.

부모님으로부터 상담 전화를 받을 정도로 평소 연애 모습이 너무 화려해서 주의를 몇 번이고 줬던 친구가 있다. 오랜만에 그 친구의 페이스북을 보는데 이상한 점을 발견했다. 어제까지 여자 친구가 있어서 매일 여자 친구와 뽀뽀하고 끌어안고 밥 먹고 손 잡은 사진이 내 타임라인에 올라왔는데 오늘은 없었다. 그럼 지웠다는 얘기고, 그건 헤어졌다는 것을 의미한다. 전화를 해봤더니 의외로 덤덤했다.

"며칠 동안 싸우다가 오늘 헤어졌어요."

여자 친구가 힘든 일을 겪고 있어서 답답한 마음에 새벽 시간
에 애기처럼 울면서 나에게 전화까지 한 친구였다. 날짜로 치면
대략 100일은 사귀었던 것 같은데 무슨 일로 헤어졌는지 궁금했
다. 더구나 처음 사귀었을 때 나에게 자랑하고 싶다면서 함께 밥
까지 먹은 커플이었다. 얘기를 들어보니 여자 친구의 잔소리가 너
무 심하고, 자기밖에 모른다고 했다. 자기는 정말 최선을 다했는
데 갈수록 행동이 너무 이기적이어서 며칠 전부터 계속 싸우다가
결국 오늘 크게 싸우고 완전히 끝났다며 사진도 깨끗이 다 지워
버렸단다. 그 친구는 다시 '자유로운 연애 중'이다.

언젠가 내가 여학생들에게 '어떤 남학생 스타일을 좋아하냐?'
고 물어본 적이 있다. 여학생들은 친절한 남자를 좋아하고 자상
하면서 자기만을 생각해주는 남자가 좋다고 대답했다. 남자 친구
가 잘생기면 더 좋겠지만 잘생긴 건 아이돌이면 족하단다. 그렇
게 본다면 여학생들은 대체로 자기와 비슷한 남학생을 선호하는
것으로 보였다. 남자 친구와 500일을 넘게 사귄 한 여학생에게
몇 가지를 물었다.

"남자 친구는 어떻게 만났어?"

"아는 언니랑 함께 놀다가 만났어요."

"남자 친구의 어떤 면이 좋아서 사귀게 되었어?"

"처음 만났는데 저를 잘 챙겨주고 이야기를 해보니까 성격도 너무 비슷해서 좋았어요."

"잘생긴 외모도 영향을 미치지 않았을까?"

"외모보다는 성격이 좋았던 것 같아요. 부드럽고 또 배려를 잘해주는 성격이 좋았어요."

"싸운 적도 있었어?"

"500일 동안 2번 싸운 것 같아요. 오해해서."

"500일을 넘게 사귀었는데 그 원동력이 뭐였을까?"

"그냥 서로에게 잘해주려고 노력하는 마음 때문인 것 같아요. 오빠는 한 번도 저에게 자기 마음대로 한 적이 없어요. 그러니까 저도 오빠를 믿게 되고 서로 이해하면서 오래 사귀게 된 것 같아요."

"부모님은 알고 계시니?"

"아니요. 제가 성인이 되면 사귀었으면 좋겠다고 하셔서 사귀는 줄은 모르세요."

"이성 교제를 하면 좋은 점도 있고 안 좋은 점도 있을 것 같은데?"

"좋은 점은 아무에게도 할 수 없는 이야기를 편하게 나눌 수 있다는 거고요. 여자애들은 고민과 생각이 좀 많잖아요. 그럴 때 오빠에게 이야기하면 위로해주고 제 편도 들어줘서 좋아요. 안 좋은 점은 아무래도 서로에게 신경 쓰다 보니까 자기 일을 못 챙기는 경우가 간혹 있지만 그렇다고 공부에 방해되는 정도는 아니에요."

"많이 궁금했었는데 도움이 됐어. 고마워."

물론 모든 여학생이 이런 대답을 한 것은 아니지만 대부분의 여학생은 이런 생각을 가지고 있다. 많은 부모가 청소년들의 연애를 걱정하는 건 사실이다. 하지만 그들의 연애방식은 어른들과는 많이 다르다. 주의해야 할 것이 많아 보이는 게 어른들의 시각이다. 하지만 어떤 과목보다 학습이 안 되는 것이 바로 청소년들의 연애 과목이다. 그들만의 사랑 방식이 최고라고 생각하고, 그러다 헤어지면 또 쿨하다. 연애를 시작해서 과정을 지나 마무리까지 어떤 방식으로 연애해야겠다고 미리 염두에 두지 않는다. 연애하는 아이들에게 내 생각을 덧붙이자면 '나름 지켜야 할 것과 지키지 말아야 할 것 정도는 분명했으면 싶다'는 것이다. 이런 말을 하면 청소년들에게 '꼰대'라는 소리 듣기 십상이지만 말이다.

" 학교 밖 아이들의 첫 캠프 도전기

이 친구들에게는 무모한 도전이라 생각했다. 태어나서 여태껏 한 번도 이런 행사에 참여한 적이 없는 친구들이다. 학교에서도 책상에 앉아 있는 것조차 싫어하는 친구들인데 외부행사에서 진행하는 프로그램을 1박 2일 동안 직접 해본다는 것은 무모한 도전임에 틀림없다고 생각했다.

학생들을 참여시키는 데 있어서 가장 큰 어려움은 다름 아닌 흡연이다. 1박 2일 동안 담배를 피우지 못한다는 것은 상당한 걸림돌이 된다. 하루에 한 갑 이상 흡연하는 친구들, 보건소를 매년 다니면서 금연프로그램에 참여한 친구들이 여태껏 담배를 끊지 못한다는 것은 이미 그들에게 담배가 일상이 되었다는 거다.

연수원에 도착했을 때 참여 인원은 우리 학생들을 포함해서 총 87명이었다. 경찰청에서 모집한 학교 밖 청소년은 내가 데리고 간 12명이 전부다. 나머지 친구들은 모두 전국 각지 청소년지원센터에서 운영하는 '꿈드림' 단체를 통해 오게 된 친구들이었다. 꿈드림은 학교 밖 청소년들을 교육하는 청소년지원센터의 산하 기관이다.

좀 거칠다는 친구들 사이에서 서로의 시선을 교차하는 모습들이 심상치 않아 보였다. 무슨 정글도 아니고 87명의 참가자 모두가 경계심 어린 시선으로 서로를 바라보는 것 같았다. 그 모습에 나도 덩달아 긴장했다. 주위를 둘러봐도 다들 편안해 보였고 나만큼 긴장하는 사람은 없어 보였다.

그런데 교육 프로그램은 다소 실망스러웠다. '교육을 진행하는 업체에서 캠프 대상자인 학교 밖 청소년들의 성향을 제대로 파악이나 한 걸까?'라는 의문이 들 정도였다. 프로그램 일정이 모두 테이블에서 이루어지는 수강 방식이었다. 너무 답답한 나머지 관계자에게 물었더니 꽤나 자신만만한 태도다.

"걱정하지 마세요. 저희는 이 친구들보다 더 무서운 소년원 친구들까지도 교육해 봤는걸요. 처음에는 힘들겠지만 잘 따라올 겁니다."

소년원 친구들은 학교 밖 청소년들보다 순하다. 이해하기 힘들겠지만 사실이다. 왜냐하면 소년원 친구들은 규칙을 알고 있는 친구들이다. 소년원에 있으면서 가장 먼저 배우는 것이 법과 규칙이다. 이것을 어기면 불이익을 당하기 때문에 그들은 '해야 할 것'과 '하지 말아야 할 것'을 철저하게 인지하고 있다. 그러니 당연히 순할 수밖에….

그러나 학교 밖 친구들은 다르다. 이 친구들은 말 그대로 학교를 다니지 않는 친구들이다. 쉽게 말해 통제하는 사람이 없다는 뜻이다. 내가 데리고 간 친구들은 학교에서 좀 거칠게 생활하는 친구들이거나 학교에 나오지 않는 친구들이다. 선생님들조차 감당하기 힘들 정도로 거칠고 투박한 친구들이다. 규칙이나 법 같은 것도 잘 모른다.

내가 바라는 건 적응이었다. 1박 2일 동안 그만두지 않고, 짜증 내지 않고, 싸우지 않고 어떻게 해서든 이 무리 속에서 버텨주기만을 기대했다. 교육성과는 크게 기대하지 않았다. 아무리 좋은 프로그램이라 해도 이 친구들에게는 다소 버거운 게 사실이다. 무엇보다 가장 걱정되었던 건 다른 지역에서 온 친구들과의 충돌이었다. 어찌 보면 내가 가장 긴장했던 이유도 '다른 지역의 학교 밖 청소년들과 마찰이 생기지 않을까' 하는 걱정이 컸기 때문이다.

1일 차 일정은 오후 1시부터 시작해서 저녁 9시에 끝났다. 아이들의 일그러진 표정은 숙소를 보고 나서야 풀렸다. 복층으로 된 고급 별장 같은 숙소를 배정받아 아이들이 무척 좋아했다. 너무 좋아해서 초등학생들이나 하는 베개 싸움을 시작으로 그날의 밤은 무척 시끄러웠다. 새벽에만 연수원 측으로부터 무려 4건의 항의 문자를 받았다.

다음 날 알았다. 그래도 우리는 매우 양호한 편이었다는 것을 말이다. 다른 남학생들 숙소에서는 흡연에 술까지 밖에서 사오다가 연수원 측에 적발되었던 모양이다. 사회초년생으로 구성된 멘토가 있었지만 통제는 쉽지 않았을 것이다. 2일 차도 역시 테이블 교육이었다. '이들을 왜 밖으로 안 보내는 거지? 아니면 손과 몸을 쓸 수 있게끔 왜 안 해주는 거지?' 혼자서 구시렁거렸다. 그래도 아이들은 조금씩 나아지고 있었다.

다행히 잘 버텨주었다. 1박 2일 동안 저녁 9시까지 테이블에서만 진행되는 프로그램이었음에도 아이들은 굳건히 자리를 지켜줬다. 비록 대부분은 잠을 자거나 스마트폰으로 게임을 하기도 했지만 그래도 자리를 떠나지 않은 것만으로도 고마웠다. 담배를 피우지 않으려고 노력했던 의지도 너무 고마웠고, 그냥 모든 게 고마웠다. 교육성과는 나름 만족스러웠다. 이번 캠프는 아이들에게도 아주 좋은 교육이 되었을 것이다. 소감을 물었더니 꽤 괜찮은 답변이 나왔다.

"나쁘지 않았어요."

다행히 마포대교에서 찾았다

아이들이 점점 갈 곳을 잃어버리는 추세다. 갈 곳이 없는 아이들은 결국 막다른 길에 이른다. 내 눈에는 마치 나쁜 전염병 같아 보여서 마음이 안타까울 정도를 넘어서서 두려울 지경이다.

평소 청소년 문제 때문에 자주 의견을 나누고 있는 지역 청소년 상담복지센터 소장님으로부터 전화가 왔다. 밤늦은 시간에 전화를 하신 것으로 보아 사안이 급해 보였다. 아니나 다를까 간곡한 부탁의 목소리가 들려왔다.

"아이가 지금 자살하겠다고 문자를 남기고 연락이 되지 않아서요. 너무 당황해서 경위님밖에 생각이 안 나서 연락드렸어요."

"일단 신고부터 해야 할 것 같아요. 부모님 연락처를 주시면 제가 절차를 설명해 드릴게요. 그 학생 연락처도 보내주세요."

매뉴얼을 모르는 분이 아니었다. 청소년 상담 업무만 20년 넘게 한 소장님이 자살하겠다는 연락을 받고 어떻게 해야 할지 모를 리가 없었다. 하지만 긴박한 상황에서는 누구든지 당황하기 마련이고 소장님도 예외일 수는 없었다. 사실 나도 5초 동안은 당황을 했으니까 말이다.

소장님의 전화를 끊은 후 곧장 학생의 어머니와 연락을 취했다. 위치추적이 우선이니 자살 의심으로 112에 신고하라는 절차를 알려드렸다. 그리고 소장님이 보내준 아이의 연락처로 여러 번 전화했지만 통화는 되지 않았다. 초조한 마음에 계속 시계를 보면서 전화 연결을 반복하다가 5분 정도 지나서 경찰서 상황실로 신고 접수 사실을 확인했다. 담당 경찰관에게 긴급한 상황임을 구체적으로 설명하고 긴급히 구조될 수 있도록 했다.

다시 학생에게 전화했지만 역시나 통화가 되지 않았다. 그리고 상황실로부터 연락이 왔다. 스마트폰 위치가 원거리 지역에서 뜨는데 전화번호 확인을 부탁했다. 어머니께서 너무 당황한 나머지 전화번호를 잘못 알려준 것이다. 경찰서 상황실에 학생의 연락처를 다시 알려주고 서둘러 공조 요청을 부탁했다.

그 사이 상담센터 소장님과 자살을 시도하는 학생에 대하여 잠시 이야기를 나누었다. 학생은 지난해 지역 특성화고에 다니다가 학교에 잘 적응하지 못하여 자퇴하고 '학교 밖 청소년' 신분으로 상담센터에서 소장님을 만났다고 한다. 그 이후로 검정고시를 준비해서 올해 지역 간호전문대학에 입학한 친구인데 성품은 착하고 인성이 매우 좋았지만 고등학교 당시 반항의 시기가 길었고 가출한 전력도 많았단다. 더구나 홀어머니 혼자서 아이를 키웠기 때문에 특성화고를 갔다가 대학에 가고 싶어 자퇴한 것이라고 했다. 그런데 대학 합격 후 한동안 연락이 없다가 2주 전부터 연락이 와서 상담했는데 심한 우울증을 앓고 있다는 것을 알게 되었다. 그리고 어제 문자를 남기고 자살을 시도했었다는 것이다.

소장님과의 통화 중에 경찰서 상황실로부터 연락이 왔다. 스마트폰 위치가 서울 마포대교로 확인되어 관할 지구대에서 신속히 출동했고, 난간에 손을 올린 채 먼 강을 바라보고 있는 학생을 발견해 다행히 안전하게 구조했음을 알렸다. 정말 감사한 일이었다.

어머니와 소장님이 아이를 데리러 가는 사이 자살을 시도했던 학생으로부터 전화가 왔다. 아마도 모르는 전화번호가 부재중 통화로 되어 있는 것을 이제야 확인한 모양이었다. '아… 무슨 말을 해야 할까….' 목소리는 생각보다 차분했다. 보통은 차분하지 않거나 아예 통화 자체를 하지 않는 상황이 많은데 전화를 해줬고 심지어 대화까지 해줘서 고마웠다. 내가 해줄 수 있는 이야기는 그리 많지 않았다. 그렇다고 "왜 그런 안 좋은 생각을 했니?"라고 물어보는 건 말도 안 되는, 가장 안 좋은 대화법이다. 이야기를 계속 들어주고 싶었지만 그리 많이 들어주지 못했다. 학생이 휴대폰 배터리가 얼마 남지 않았다고 해서 통화는 약 10분 만에 끝났다.

며칠 후 아이의 어머니와 상담 소장님은 아이의 신변을 위해서 오늘이라도 당장 정신병원에 입원을 시키겠다고 했다. 아이의 상태가 매우 위험하다고 판단해서 이와 같은 결정을 내렸다는 것이다. 하지만 나는 그러고 싶지 않았다. 나는 한 번만 더 고민해보자고 소장님과 어머니를 설득했지만 소장님 자신도 지금까지의 상담경험 결과 아이의 생명을 위해서는 어쩔 수 없는 조치라고 주장했다. 어쩌면 나보다 아이들을 많이 겪은 상담 소장님의 판단이 더 정확할지도 모른다. 하지만….

결국 아이는 3시간여 동안 병원 입원을 거부하다 어머니의 의견에 따르기로 했다. 다음 날 출근길에 어머니로부터 전화를 받았다. 나지막이 고맙다고 했다. 그리고 울먹이는 목소리로 아이가 이렇게 된 모든 것이 자기 잘못이라고 했다. 나는 어머니에게 너무 자책하지 않으셨으면 좋겠다고 말했다. 그리고 한 가지 더 부탁드렸다.

"무엇보다 지금은 자책보다 아이를 위해 할 수 있는 것을 찾는 게 먼저입니다."

" 나는 이기적인 부모들이 밉다

대체 무슨 생각을 하는 분들일까? 아들은 고3이고, 이제 수능이 100일도 채 남지 않았다. 그런데 아들이 공부하고 있는 집에서 부모가 꼭 그렇게 해야 했을까? 큰소리로 "바람을 왜 피웠냐, 당장 이혼하자, 재산분할을 어떻게 할 거냐"는 등의 말을 꼭 해야 하는가 말이다.

반듯한 학생이었던 친구에게 1년 만에 연락이 왔다. 안부 인사인 줄 알았더니 상담을 하고 싶다고 했다. 대부분 고3이라면 수능 스트레스 때문에 연락이 온다. 그냥 이야기만 들어줘도 도움이 된다. 그래서 당연히 그런 상담일 것으로 생각했다. 그런데 학생의 첫 문장이 심상치 않았다.

"6월에 어머니가 아버지의 휴대폰을 보고 난 후였어요…."

내용은 간단했다. 아버지가 바람피운 걸 어머니에게 들켰던 모양이다. 그래서 어머니는 아버지에게 낯선 여자의 문자를 해명하라고 했는데, 아버지는 2달째 해명하지 않고 있단다. 물론 그 중간에 학생이 모르는 다툼이 많았을 것으로 예상된다. 그리고 오늘 최악의 국면을 맞았던 것 같았다. 거실에서 어머니의 목소리는 여느 때보다 커져 있었고, 이혼과 재산분할이라는 단어가 어머니 입에서 연신 쏟아져 나왔다고 했다.

"저는 뭘 어찌해야 할까요?"

"미안한데 네가 할 수 있는 건 없는 것 같구나…."

정확히 말하면 고3으로서 지금 네가 할 수 있는 건 수험생 역할을 충실히 하는 것뿐 그 외에 할 수 있는 건 없다고 했다. 상담을 마치고 은근히 화가 치밀어 올랐다. 자식 보기에 부끄럽지도 않은지…. 마치 그들 인생에 아들의 성장과 꿈은 안중에도 없다는 식이다. 아무리 부모 입장에서 상황을 이해하려 해도 이건 정말 아니라는 생각이 들었다.

남의 집 가정사에 내가 이렇게 흥분하는 데에는 그만한 이유가 있다. 학교에 다니지 않는 청소년, 가출이지만 '탈출'이라고 말하는 청소년, 거리에서 문신 좀 드러내 놓고 본새를 뽐내는 청소년들을 만나서 이야기를 듣고 가정방문을 해보면 모두가 부모들의 이기적인 행동으로 버림받은 아이들이다. 그런데 경찰서에서 만난 부모들은 "자식에게 할 만큼 했다", "이제는 알아서 처벌하든지 마음대로 하라"는 등의 말 같지도 않은 말을 한다. 그럼 나는 더 흥분해서 "자식을 키우는 데 포기가 어디 있습니까?", "기껏 자식을 위해 1년 애썼다고 하면서 할 만큼 했다고 하는 겁니까?"라고 부모에게 대들기도 한다.

청소년들은 쉽게 분노를 노출하지 않는다. 더구나 집에서 얻은 분노라면 더더욱 쉽게 표현하지 않는 것이 청소년들의 특성이다. 하지만 행동은 그렇지 않다. 청소년들은 화가 끝까지 치밀어 오르면 화를 쏟아낼 데를 찾는다. 그것이 청소년들의 변화가 시작되는 시점이다. 결국 누구를 괴롭히고, 때리고, 훔치고, 범죄를 저지르는 단계까지 이르게 되는 것이다. 그래서 나는 이기적인 부모들을 보면 미워진다.

"누가 싸우지 말래요? 자녀들이 안 보는 곳 많잖아요? 그런데 꼭 자녀가 보고 듣고 있는 곳에서 그렇게 대놓고 해야겠습니까? 아이들에게도 나중에 이혼해서 살라고 대놓고 교육하시는 겁니까? 제발 그러지 좀 맙시다. 제발 어른으로서 아이들에게 너무 함부로 하지 말자고요. 이미 자녀는 부모에게 정서적으로 수십 대를 얻어맞아 쓰러져 가고 있다는 걸 제발 좀 생각하자고요. 제발 좀!"

오늘도 나 혼자 또 구시렁댄다.

제발 제 얘기 좀 들어주세요

대부분의 사람들은 누군가에게 자기 얘기하는 걸 좋아한다. 반면에 누군가의 이야기를 들어주는 것은 어려워한다. 사람 마음이란 게 자신의 이야기를 사람들에게 하고 싶어 하지, 남의 이야기를 정성스럽게 들어주고 싶은 마음은 여간해서 생기지 않는다.

더군다나 나는 청소년 업무를 하고 있기에 아이들의 이야기를 잘 들어주려고 노력한다. 청소년과 관련 있는 일을 하는 사람은 무엇보다 '적극적인 경청'이 필요하다는 걸 배웠기 때문이다. 학교 선생님도 마찬가지로 학생의 이야기를 잘 들어주어야 하고, 부모는 자녀의 이야기를 잘 들어주어야 하며 경찰관은 국민의 이야기를 잘 들어주어야 한다. '경청'만으로도 그 자체가 큰 힘이 된다. 이것이 내가 알고 있는 경청의 힘이다.

이번에 상담을 요청한 아이는 최근 학교에서 겪고 있는 힘든 일들을 나에게 어렵게 털어놓았다. 그런데 어머니가 아이에게 잘못된 소리를 하신 것 같았다.

"부모님께 말씀드려봤니?"

"며칠 전에 말씀드렸는데 저한테도 문제가 있대요."

"너한테 무슨 문제가 있어?"

"모르겠어요. 그냥 엄마는 저도 문제가 있으니까 괴롭히는 친구가 트집 잡는 거 아니냐고 하세요."

"말도 안 돼…."

보통은 카카오톡이나 페이스북으로 메시지가 오는데, 이 친구는 SMS 문자로 왔다. 번호도 저장되어 있지 않은 친구였다. 하필이면 사무실에서 급히 처리할 일이 있었다. 미안한 마음이 들어 혹시라도 다급한 상황이면 당장 연락을 하려고 했지만 그 친구도 사정은 나와 비슷해 보였다. 아마도 야간 자율학습 시간이었던 모양이다. 급한 대로 문자로 이야기를 나눴다.

어느 범죄나 다 마찬가지지만 학교폭력의 경우 물증이 없다면 상황을 뒷받침할 정황 증거라도 있어야 한다. 예를 들면 목격자 진술 정도다. 그런데 목격자들이 있더라도 진술을 해줄 수 있을지는 모르겠다고 하면 상황은 어려워진다.

밤 10시 5분, 야간 자율학습이 끝나자마자 상담 학생으로부터 연락이 왔다. 학교 밖에 있는 것 같은데 혼자는 아닌 듯했다. 옆에서 거들어주는 2~3명의 친구들 목소리가 들렸다. 집으로 가는 길에 전화한 것 같았다. 아이는 고등학교 2학년 여학생이었다. 자기 반에서 전교 1~2등을 하는 한 여학생이 있는데 그 학생이 올해 초부터 지금까지 자신을 타깃으로 삼아 친구들에게 욕을 하고 다닌다는 것이다. 교실 안에서도 자기가 옆에 있는데도 대놓고 시비를 걸고 욕을 한다고 했다. 왜 그러냐고 말하면 너한테 이야기한 거 아니라는 식이란다. 그 여학생은 1학년 때도 반에서 만만한 친구를 겨냥해서 집중적으로 괴롭혔던 아이라고 했다. 2학년에 올라와서는 자기가 그 타깃이 되었단다. 지금은 그 여학생이 자기를 빗대어 너무 많은 비난과 욕설을 하고 있어서 참을 수가 없다고 했다. 그 친구만 보면 화가 나서 미칠 지경이란다.

담임 선생님에게 말씀드렸는데도 소용이 없었다고 했다. 상담 학생 딴에는 얼마나 이야기하기가 망설여졌을까 짐작이 되었다. 하지만 어렵게 선생님께 말씀드린 결과가 고작 증거가 없으니 이해하고 모른 체하라는 것이다. 말도 안 되는 얘기라고 생각했다. 상담 학생은 학교가 그 여학생을 감싼다는 말투로 이어갔다. 쉽게 말해 공부를 잘하니까 봐준다는 것이다. 당연히 공부를 잘하니 학교를 빛내고 명문대학으로 진학할 친구니까 자기 딴에는 감싸주는 것이 이해가 된다고까지 말했다. 꼭 그런 이유만은 아닐 텐데 상담 학생의 이야기를 끊기가 쉽지는 않았다.

"그 친구를 벌주고 싶니?"

"아니요. 벌보다는 그냥 괴롭히지만 않았으면 좋겠어요."

"그대로 돌려주고 싶지는 않고?"

"아니요. 그럼 저도 그 친구랑 똑같은 사람이 되잖아요…."

"맞아…."

보통은 내가 당한 만큼 가해 학생도 돌려받아야 한다고 생각한다. 신고 시점부터 시간이 지나면 지날수록 아이들의 분노가 누그러지는 것은 사실이지만 그래도 신고 당시에는 무조건 조치부터 해달라는 것이 학생들의 특징이다. 그런 특징 때문에 피해학생이 다시 가해 학생이 되는 우를 범하기도 한다. 사실 현장에서는 쉽게 볼 수 있는 사례. 이야기를 하면 할수록 상담 학생은 참 멋있었다. 담임 선생님에게 말하기 전에 먼저 엄마에게 말한 사실도 알려주었다. 물론 어렵게 고민하다 이야기를 꺼냈는데 엄마는 엉뚱한 이야기를 해줬다고 했다.

"너한테 문제가 있으니까 그 친구가 너를 비난하고 욕하는 거야. 아니 땐 굴뚝에 연기가 나겠냐?"

엄마인데 어떻게 그렇게 이야기할 수 있었을까? 1분을 이야기하고 30분 동안 엄마한테 꾸중을 들었다고 했다. 이렇게 되면 자녀는 더 이상 부모와 대화하지 않는다. 아마도 평생일 수도 있다.

"아저씨가 네 연락처를 뭐라고 저장해 놓을까?"

"죄송해요. 제 학번이랑 이름은 나중에 말씀드릴게요."

결국 학번과 이름을 밝히지 않았지만 이야기가 끝나갈 무렵에 상담 학생은 나에게 이야기를 들어줘서 고맙다고 했다. 지금까지 이번 일로 자기 이야기를 가장 잘 들어준 사람이 나라고 했다. 상담 학생이 또박또박 고맙다고 하니 나도 상담 학생에게 이후에도 고민이나 갈등이 생기면 언제든지 내게 연락하라고 부탁했다. 그러면서 물었다.

"분노 게이지가 1부터 10단계까지 있다면 지금 네 분노는 몇 단계일까?"

"화가 많이 났을 때는 9나 10 정도 되는 것 같아요….."

"평소에는?"

"평소에는 그래도 7이나 8은 되는 것 같고요….."

꽤 높은 단계다. 분노 게이지가 평상시 7~8단계면 평소 수치로는 매우 높은 편이다. 상담 학생에게 앞으로 일어날 일들이 걱정됐다. 분노 게이지가 9~10단계가 되면 언제든지 2차 범죄가 일어날 여지가 높다. 그렇게 되면 상담 학생이 가해 학생을 폭행하거나 같은 방법으로 괴롭히게 되는 역범죄가 일어날 가능성이 매우 크다. 그래서 이후에도 반드시 연락해야 한다고 했다. 끝내 상담 학생은 학번과 이름을 밝히지 않았다. 쑥스러운 것보다 나마저도 믿지 못한다는 뜻이겠지만 서운하진 않았다. 그리고 상담 학생은 걱정 섞인 말투로 머뭇거리며 내게 말했다.

"오늘 이야기는 선생님과 부모님께 절대 말하지 말아 주세요."

그러면서 자신은 3가지 방법을 놓고 고민하겠다고 했다. 첫째는 물증을 찾을 때까지 참고 기다리는 것, 둘째는 경찰관이 중재해서 자신과 가해 학생을 화해시켜주는 것, 셋째는 자신이 직접 학생안전부에 연락해 학교 차원에서 이 사건을 논의해 달라고 부탁하는 것이란다.

청소년 업무를 하는 입장에서 보면 그렇다. 자녀가 힘든 일을 겪고 있을 때 누구에게 이야기하면 될까? 당연한 답이겠지만 가장 바람직한 것은 '부모'가 최우선이 되어야 한다. 부모와 대화가 된다면 사실 선생님이나 경찰관의 역할은 많이 줄어든다. 효과 또한 선생님과 경찰관에 비해 매우 높다. 회복의 기간이 매우 빠르다는 것도 경험을 통해 알 수 있었다. 물론 부모의 경우에는 아이가 힘들었다고 해서 단지 이야기를 들은 것만으로 발끈해서는 안 된다. 그건 절대 아이가 원하는 게 아니다. 무엇보다 신중하고 침착해야 한다.

다음으로는 담임 선생님의 역할이 중요하다. 물론 담임 선생님은 많은 학생을 상대해야 하므로 한 학생의 의견에만 치우쳐서 도움을 주기에는 어려움이 따른다. 이해한다. 하지만 적어도 학생이 도움을 요청하면 학생 입장에서 이야기를 들어주는 자세가 필요하다. 물론 학교의 사정과 학생들의 사정, 그리고 보이지 않는 양쪽 부모님의 사정까지 미리 생각하면 선생님으로서는 깊게 관여하기가 조심스러울 수 있다. 하지만 그러한 위축 때문에 아이의 심각한 고민을 그냥 넘어가서는 안 된다. 만약 선생님마저 이야기를 들어주지 않으면 아이는 고립될 수밖에 없다. 분별력이 떨어지는 청소년기를 감안할 때 옳지 못한 판단을 하는 경우가 많아질 것이다. 그래서 피해 학생이었던 친구가 가해 학생이 되는 악순환의 원인이 되는 것이다. 상담 학생의 담임 선생님도 학생의 사정이 얼마나 힘들었을지 나름대로 들어주셨을 것이다. 단지 태도와 표현이 학생에게 와 닿지 않았을 수 있다. 선생님 입장에서 이 문제를 제기하려면 정확한 사실관계를 입증할 만한 자료가 필요하다.

상담을 마치고 나니 마음이 쓸쓸해졌다. 학생은 심적으로 많이 힘들었기 때문에 엄마가 자기 말을 들어주길 바라고 있었다. 그런데 오히려 아이를 나무랐다고 하니 마음 한구석이 착잡했다. 내 아이의 이야기를 들어주는 것이 힘든 건 알지만 그렇게 힘든 일인가? 이야기를 들어주는 것이 그만큼 중요하다는 것을 몰라서 그랬을 것이다. 결국 우리 아이들이 바라는 것은 큰 게 아니다.

그냥 엄마, 아빠가 나의 이야기를 적극적으로 호응해주기를 바라는 것뿐이다.

"우리 아이의 이야기를 잘 들어주고 계신가요? 우리 아이를 위해 무엇보다 '적극적인 경청'이 필요합니다."

가끔 나를 웃게 만드는 학생

"

자주도 아니다. 가끔, 그것도 아주 가끔이다. 뜬금없이 문자를 보내고 무작정 답을 기다린다. "혹시 지금 시간 되세요?"라며 인사도, 예의도 없고 그냥 일방적이다. 자기 마음대로 학교 마치는 시간에 바로 보내거나 밤늦은 시간에도 보낸다. 이제 보니 본인이 억울한 일을 당하거나 또는 자기 기준에 이건 아니다 싶은 게 있으면 그 즉시 나를 찾는 것 같다. 인풋(input)과 아웃풋(output)이 아주 좋은 친구다. 어떤 날은 첫 마디부터 놀랄 때가 있다. 다짜고짜 "살인자가 있다"고 한다. 게다가 자기 팔을 깨물어서 멍까지 들었다고 해서 내가 놀라 전화를 했다.

"살인자가 누구야?"

"제 남동생이요. 하하."

혼자 웃는다. 어머니가 옆에서 낌새가 이상했는지 휴대폰을 빼앗아 밤늦게 무슨 일이냐고 걱정스럽게 물으셨다. 자초지종을 설명해 드리니 죄송하다고 하셨다. 죄송할 일은 아니라고 말씀드렸다.

또 한번은 초등학생 동생이 엄마에게 함부로 말했다며 감옥에 넣어달라고 대뜸 문자를 보냈다. 게다가 구체적으로 2년 동안만 감옥에 넣어달란다. 물론 동생의 학번을 알려주는 것도 잊지 않는다. 더구나 '패드립(패륜적 드립)'이 정말 나쁜 행위이고 잘못된 것이라는 것을 정확하게 알고 있다. 아주 훌륭한 친구다.

그렇다면 이런 문자가 잘못된 것일까? 나는 전혀 아니라고 생각한다. 표현에 있어서 조금은 다듬어야 할 부분이 필요하지만 이 학생이 잘못한 것은 없다. 아니나 다를까 어머니께서 문자를 보내지 말라고 했단다. 그래서 내가 다시 정정해 주었다.

"문자 해도 돼. 왜냐하면 아저씨는 너 때문에 웃을 수 있으니까. 네가 보내고 싶을 때 언제든지 문자 보내렴."

두려울 게 없어야 청소년이다

궁금하면 찾아보고, 모르면 아는 사람을 찾아가는 게 맞다. 청소년이 두려울 게 뭐가 있는가. 어른들처럼 잘못과 실패에 대한 후유증이 있다면 이런 말도 하지 않는다. '조금은 영리하게, 조금은 바지런하게' 이것이 청소년에게는 더 어울린다. 그런데 왜 그리 하지 못할까? 그럼 대학생이라고 다를까? 예외 없이 다 똑같다는 게 내 생각이다.

어느 날 여고 경찰동아리 친구들이 진로체험과 관련해서 나를 찾아왔다. 경찰 진로와 관련해서 학생들과의 상담을 횟수로 치면 거짓말 조금 보태서 100번은 넘은 것 같다. 그런데 이상하게도 질문이 하나같이 똑같다. 이번 경우도 예외는 아니었다. 문제가 있는 거다.

적어도 고등학생이 자기소개서를 쓰고자 한다면 감동이 담겨 있는 것이 좋다. '경찰동아리라고 한다면 식상한 인터뷰보다 감동적인 스토리를 담을 수 있는 활동이 없을까?' 이런 고민을 하다가 밖으로 나갔다. 학생들과 밥팅은 필수다. 매번 인터뷰를 당하는 나지만 나는 오히려 그들을 인터뷰한다. 좀 더 자세하게 말하면 인터뷰가 아니라 '잇(eat)터뷰'다. 세상에서 제일 맛있는 우동을 먹고 나서 식당 주변에 주택가를 보러 다녔다.

"저 빌라를 봐봐. 도둑이라면 쉽게 올라갈 수 있을까, 없을까?"

"도시가스 배관이 올라가기 쉽게 설치되어 있네요."

"그렇지. 그럼 어떻게 하면 도둑이 침범하지 못하게 할 수 있을까?"

"배관에 식용유를 뿌려놔요."

"오호, 정말 좋은 방법인데? 하하하."

이 말을 시작으로 우리는 소화도 식힐 겸 주택이 범죄에 얼마나 취약한지 확인하러 돌아다녔다.

"여기 가로등에 설치된 비상벨 봐봐."

"비상벨이 뭐예요?"

"비상 시 비상벨을 누르면 경찰서에 즉시 신고가 되고 스피커로 경찰 목소리가 들려."

"와, 몰랐어요. 이런 게 있는지."

"그런데 말이야 여기 비상벨을 알리는 표지판을 봐봐. 무엇이 문제일까?"

"CCTV 하고 비상벨이 있다고 잘 적혀 있는데요? 낡지도 않았어요."

"그럼 저기로 스무 발짝만 가 봐. 그리고 네가 범죄 피해를 당할 비상상태가 되었다고 생각하고 표지판을 봐봐. 잘 보이니?"

"아뇨…."

"그럼 어떻게 표지판을 만들어야 할까?"

"크고 눈에 잘 띄게요."

"그렇지? 그리고 저녁에는 더 잘 보이게 야광이나 네온을 설치하면 더 좋겠지?"

"그러네요."

학생들은 현장에서 얻어지는 실질적인 해답을 보면서 신기해했다. 그리고 더 보완할 것이 없는지 퀴즈를 기다리는 사람처럼 눈을 멀뚱히 뜬 채 나를 쳐다봤다.

"좋아. 그럼 이 표지판을 눈에 잘 띄게 만들었다고 치자. 또 어떤 문제가 있을까?"

"또 문제가 있나요?"

"고럼, 고럼."

그중에 동아리 부장을 맡고 있는 친구가 유레카를 외치듯 말했다.

"저 알았어요."

"글쎄, 알 수 있을까?"

"방향이요. 그러니까 표지판 방향이 한쪽 방향만 가리키고 있어요."

"그게 무슨 문제인데?"

"아, 저도 알았어요. 그러니까 이쪽을 보고 있는 표지판은 뒤에서는 볼 수 없다는 거죠?"

"하하하. 그래서?"

"그러니까 뒤에서는 볼 수 없고 양옆에서도 볼 수 없으니 표지판을 원통으로 돌아가며 만들면 어느 방향에서도 볼 수 있잖아요!"

아이들의 대답에 놀랐다. 열정이 창작보다 나을 수 있다는 걸 직접 목격하는 순간만큼 짜릿한 경험은 없다. 아이들과 동네를 한 바퀴 돌고 빠져나오는 길목에 허름한 공원이 보였다.

"오늘 마지막 진단이다. 저기 벤치 보이지?"

"네."

"저기 벤치는 이 공원에서 노숙자들의 침대 역할을 할 게 뻔해."

"노숙자들이 저기서 잠을 잔다고요?"

"응. 딱 눕기 좋게 되어 있잖아?"

"그러고 보니 그렇네요."

"그럼 저 벤치에 노숙자들이 눕지 못하게 하려면 어떻게 하면 될까?"

한동안 말이 없었다. 그리고 레이저 쏘듯 네 학생이 벤치를 뚫어져라 쳐다보았다. '대체 어떻게 한다는 거지?' 하다가 점점 집중력을 잃어갔다.

"저 벤치 가운에 칸막이를 설치하면 어떨까?"

"와, 대박이에요!"

"이해됐니?"

"가운데 칸막이 때문에 누울 수가 없다는 거잖아요."

나는 오늘 학생들과의 현장 활동에 '우리 동네 방범진단'이라는 이름을 붙였다. 집으로 가라고 했더니 굳이 경찰학교로 와서 경찰 제복을 입어보겠단다.

"안 피곤해?"

"피곤하긴요. 오늘 정말 좋은 답을 얻어서 기분 너무 좋아요."

잠들기 전 동아리 부장 학생으로부터 연락이 왔다. 오늘 정말 원했던 답을 얻었다며 마냥 즐거워했다. 이 친구는 몇 년 뒤면 분명히 경찰관이 되어 있을 것이다. 생각만 해도 참 뿌듯하다.

평생 연애를 처음 해보는 남학생에게

고등학교 졸업 후 어엿한 대학생이 된 남학생한테 대뜸 연락
이 왔다.

"대장님의 도움이 필요합니다."

"무슨 도움?"

"태어나서 처음으로 여자 친구가 생겼습니다."

"와, 축하한다!"

"감사합니다, 대장님. 근데 부탁이 있습니다."

"응?"

"오늘 여자 친구랑 만난 지 100일이라 제가 선물을 준비했는

데요. 카드에 멋진 글을 남기고 싶은데 도저히 생각이 안 나서 갑자기 대장님이 떠올랐습니다."

"흠…."

"대장님, 뭐라고 쓰면 좋을까요?"

"이렇게 써. 죽을 때까지 네 거!"

"와, 감사합니다. 대장님."

"여자 친구에게 잘해라. 소중하게 아껴주고. 특히 행동 조심하고."

"당연하죠. 대장님!"

"그리고…."

'뚜뚜뚜…'

전화가 끊겼다. 이런…. 문득 봄이 온 것을 느끼며 연애하기에 계절도 참 잘 어울린다는 생각이 들었다. 평생 처음 연애를 해보는 남학생에게 부족함이 없는 계절 '봄'이다.

술만 마시면 괴물로 변하는 아버지

청소년들과 SNS로 상담을 하다 보면 아버지로 인한 가정폭력으로 힘들어하는 친구들이 꽤 많다는 것을 알 수 있다. 아버지가 행사하는 일방적이고 독재적인 힘과 욕설 앞에서 저학년 친구들은 당하고만 있을 수밖에 없고, 고학년으로 올라갈수록 그 아버지의 멱살을 잡는 사례가 조금씩 많아지고 있다.

오랜만에 반가운 친구와 연락이 닿았다. 2013년부터 시작한 '청바지(청소년이 바라는 지구대의 줄임말)' 동아리를 통해 처음 알게 되었고, 당시 특성화고 출신 남학생으로 기억하고 있다.

"대장님, 저 기억하시겠어요? 청바지 동아리에서 활동했던 학생입니다."

"당연히 기억하지. 너무 오랜만이다."

휜칠한 키에 검은 뿔테안경을 쓰는 학생으로 청바지 동아리를 하면서 당시 두어 번 고민 상담을 해준 기억이 있었다. 전형적인 고등학생의 모습을 간직하고 있었던 학생으로 기억한다. 그러고 보니 말투가 부드러운 친구였던 것 같다. 여전히 말투는 공손했다. "그동안 대장님 소식은 페이스북에서 자주 보고 있었다"며 "지나가는 택시에도 대장님 얼굴이 나와 있어서 많이 신기했다"는 말도 했다. 나중에는 무슨 일이 있어야만 연락하는 것에 대해 꽤 많이 미안해했다. 그러지 않아도 되는데 말이다. 3년 만에 연락 온 것은 내 기준에서는 오랜 시간은 아니었다.

나를 찾아와서 인사한 데에는 다른 이유가 있었다. 아버지에 관한 이야기였다. 무슨 이유인지는 모르지만 아버지는 남학생이 초등학교 5학년 때부터 어머니를 대신해 가족 살림을 도맡아 하셨고 경제적인 일은 반대로 어머니가 역할을 하셨다고 했다. 당시 분위기로 봐도 보통의 가정과는 조금 다른 형태였다. 어쨌든 그게 중요한 것은 아니니까. 그런데 살림만 하시던 아버지가 지난해부터 술만 드시면 집에 있는 집기류를 집어 던지고 심지어 입에 담지도 못할 욕설과 행동으로 최근 2년 동안 TV를 3번이나 바꾸었을 정도로 난폭해지셨단다. 더 큰 문제는 아버지의 폭력이 어머니와 자신에게만 향한 것이 아니라 지금 고등학교에 다니고 있는 막내 여동생에게까지 폭언과 폭행을 일삼는다는 것이다. 어머니는 참을 수 있다고 하시고, 자신도 이제 고등학교를 졸업해서 회사에 다니는 입장이라 아버지의 폭행은 더 이상 두렵지 않다고 했다. 하지만 막내 여동생에게 불똥이 튀는 건 아니라는 생각이 들었다는 것이다. 특성화고에 다니고 있어서 취업공부도 해야 하는데 이미 마음의 큰 상처를 받은 여동생이 너무 걱정된다고 했다.

끝내 학생은 울음을 터트렸다. 애써 침착하게 이야기를 잘한다고 싶었는데 끝까지 참을 수는 없었던 모양이었다. 나 또한 마음이 좋지 않았다. 마주 보고 있었다면 등이라도 두드려 주었을 텐데 그러지 못하는 것이 못내 아쉬웠다. 울음이 감정을 조절하는 데 도움이 되었는지 잠시 숨을 고르고 나에게 침착하게 원하는 것을 말했다.

"대장님, 아버지의 가정폭력을 처벌하고 싶습니다."

처벌을 위한 절차를 이야기하자면 그리 복잡한 것은 아니다. 생각보다 간단하다. 아버지의 폭력이 있을 때마다 가정폭력으로 112에 신고하면 된다. 그러면 아버지는 현장에서 체포되고 경찰서에서 조사를 받을 것이다. 처분 뒤에는 관할 경찰서에서 가정폭력 가정으로 별도 분류해 지속적인 보호까지 지원해준다. 사안에 따라 가정과 분리하는 처분도 있어 심각한 가정폭력에 대해서는 신고를 해서 사법제도의 도움을 받는 것이 옳다. 하지만 이 학생의 아버지는 경제생활을 안 한 지 10년이 훌쩍 넘었다. 그 동안 남자로서, 가장으로서, 아이들의 아버지로서 자존감이 무너져 재생할 수 없는 상태까지 온 것으로 보였다. 게다가 40대 후반의 나이를 고려하면 자존감 상실에서 오는 우울증도 한몫 거들었을 것이다. 평상시에는 평범한 아버지였다가 술만 마시면 괴물로 바뀌는 성향도 아버지의 우울증이 세차게 진행되고 있다는 것을 반증해주는 부분이다.

"지금까지 아버지랑 단둘이 깊이 있게 이야기해 본 적 있니?"

"아뇨, 제가 아버지랑 이야기하는 걸 별로 안 좋아해서요."

"그럼 한 번만 해볼까? 최대한 빨리 아버지와 너 둘만의 대화가 좀 있었으면 좋겠어. 아버지가 하고 싶은 이야기가 분명히 있을 거야. 그 이야기를 네가 한 번 들어주면 어떨까?"

"죄송한데… 아버지랑은 자신이 없어요."

학생의 심정은 이해되지만 "아버지가 가정폭력으로 처벌받기 전에 우선 아버지와의 진솔한 대화가 있어야 네가 후회하지 않는다"고 말해주었다. 아들이 알지 못하는 아버지의 고민이 있을 것이다. 그래서 아버지는 그 고민을 풀 수가 없어 술에 의지하고, 그런 술은 분명 아버지를 아주 세게 변화시키는 돌연변이 역할을 해주고 있는 것이다.

지금 시점에서 아들과 아버지의 대화는 처벌과 포용을 결정하는 중요한 대목이 될 것이다. 나는 "아버지와의 대화는 반드시 필요하다"고 얘기했다. 아버지와 대화를 통해 정말 아버지가 가족에 대해 어떻게 생각하는지를 알 수 있는 시간이 꼭 있었으면 좋겠다고 말이다. 그래서 제안했고, 학생은 그렇게 하겠다고 약속했다. 적어도 나중에 있을 법한 감정적인 부산물을 남기지 않기 위해서라도 반드시 대화는 했으면 좋겠다고 한 번 더 당부했다. 물론 그렇게 대화를 하고도 진전이 없다면 그때는 어쩔 수 없이 여동생을 위해서 112에 신고를 해야 할 것이다. 대화는 마무리되었고, 다행히 학생은 나의 제안을 이해해주었다. 최대한 빠른 시일 내로 아버지와 대화를 하겠다고 약속했다. 이어서 학생은 나에게 작은 부탁이 하나 더 있다며 조심스레 말을 꺼냈다.

"제가 몇 년 전 대장님에게 상담을 받고 힘을 얻은 것처럼 지금 걱정하고 있는 여동생에게도 상담을 해주시면 안 될까요?"
"안 될 건 없지."

상담을 하기 전에 친구가 될 수 있도록 오늘이라도 여동생에게 나의 연락처를 알려주라고 했다. 사실은 나도 마음이 크게 쓰이는 사람은 학생도, 어머니도 아닌 막내 여동생이었다.

다음 날 아침, 출근길에 메시지를 받았다. 오빠한테 소개받은 여동생이라고 했다. 그런데 여동생은 공교롭게도 나의 휴대폰 연락처에 이미 지난해부터 저장되어 있던 친구였다. 메시지를 보는 순간 너무 반가워서 바로 전화를 했다. 그 친구도 오빠한테 내 이름을 듣고 나서 무척 놀랐다고 했다. 그렇게 우리는 웃으면서 하루를 시작했고 친구가 되었다. 앞으로 여학생에게 무슨 일이 생기지 않기 위해서라도 언제든지 연락할 수 있는 그런 친구가 되었다는 것이 내게는 중요했다. 그리고 고마웠다.

3부.
이불 밖이 위험한 '요즘 애들'

" 평범해서 빠지게 되는 몸캠의 수법

지금부터 하는 이야기는 어마어마한 사건이라고 봐야 한다. 통상 우리에게 순식간에 스쳐 지나가는 '단편 뉴스'밖에 되지 않았던 이야기이기 때문이다. 그래서 강연 때 교사나 학부모를 대상으로 이 주제를 이야기하면 집중도가 높다. 모두가 처음 알게 된 내용이라고 말이다.

지난해 5월, 나는 경찰인재개발원 교수요원으로 발령이 나서 충남 아산시에 있는 관사에서 지내고 있었다. 어느 날 자고 있는데 새벽 1시가 조금 넘어서 갑자기 전화벨이 울렸다. 지역번호가 032로 되어 있었다. 전화를 받았더니 모 지구대의 팀장님이었다. 모르는 분이었다. 이 새벽에 무슨 일이냐고 물었더니 고등학생으로 보이는 남학생이 1시간 전부터 지구대로 들어와 아무 말도 하지 않고 가만히 앉아만 있다는 것이다.

지구대 직원들을 모두 동원해 갖은 방법을 다 써서 학생에게 말을 걸었지만 지금까지도 묵묵부답으로 일관한 채 머리를 숙이고 앉아 있다고만 했다. 그러다가 마지막으로 혹시 누구 연락할 사람이 있냐고 물었더니 내 연락처를 알려줬다는 것이다. 그래서 나에게 연락을 했다고 한다. 시계를 보니 새벽 1시 20분을 가리키고 있었다.

전화를 끊고 학생이 있는 지역으로 올라가면서 왜 지구대까지 찾아가서 아무 말도 안 하고 1시간째 앉아 있는지 그 이유를 짐작해봤다. 분명 도움을 요청하기 위해서 왔는데 막상 말하려니 난처한 것이다.

'말을 하지 못할 만큼의 고민이 있다는 건데… 그게 뭘까?'

순간 내 머릿속을 스쳐 지나가는 것이 있었다. 바로 '몸캠'이다. 그것이 맞다면 지구대를 찾은 학생의 행동은 납득이 된다. 왜냐하면 청소년들이 몸캠을 당하면 거의 망연자실해 하기 때문이다. 청소년들 말로 '유체이탈'이 되는 것이다. 그도 그럴 것이 몸캠을 당하면 너무 수치스럽기 때문에 어느 누구에게도 도움을 요청할 수 없다. 거기에 자신의 신체 영상이 다른 친구들에게 유포되면 학생은 엄청난 공포를 느끼고 이성을 잃게 된다. 실제로 이 몸캠으로 인해 극단적인 선택을 한 어느 남학생의 안타까운 사연도 있다.

1시간 반을 달려 모 지구대에 도착했다. 지구대에 들어갔더니 소파 한 귀퉁이에 마치 판다 같은 사내놈이 하얀 바탕에 물방울무늬가 큼지막하게 들어가 있는 점퍼를 입고 앉아 있었다. 일단 어깨를 다독거리고서 밖으로 나가자고 했다. 지구대 팀장님에게는 내가 알아서 하겠다고 했다. 지금 생각해도 지구대 직원들이 학생에게 끈질기게 말을 걸어준 노력이 무척 고맙다는 생각이 든다. 학생은 내가 아는 친구가 아니었다. 내 연락처를 어떻게 알았냐고 물어보니 일주일 전에 학교에서 강의를 들은 적이 있다고 했다. 처음에는 내 연락처를 몰랐다가 친구들한테 수소문해서 알아냈다고 한다.

"몸캠이니?"

"네….."

"언제 그런 거야?"

"2시간 전에요….."

"돈은 보냈어?"

"아뇨, 돈이 없어서 못 보냈어요."

"그런데 어떻게 지구대를 생각했어?"

"지구대에 가서 경찰관 아저씨한테 돈을 빌려달라고 하려고 했어요."

"신고하러 간 게 아니고?"

"네….'

"일주일 전에 강의를 들었다며? 그때 아저씨가 열강하면서 몸
캠을 조심해야 한다고 이야기했었는데?"

"그때… 잤어요….'

이런, 잤단다. 학생을 데리고 가면서 부모님에게 연락해서 관
할 경찰서로 오시라고 한 후 학생과 부모님을 관할 경찰서 사이
버수사팀 당직실에 인계했다. 무엇보다 부모님에게 당부했다.

"절대 아이를 혼내서는 안 됩니다. 누구나 그럴 수 있어요. 이
시점에서 야단을 치면 아이는 정말 자괴감에 빠져들어 더욱 힘들
어하는 상황이 생길 수 있으니 절대 혼내시면 안 됩니다."

자초지종은 이랬다. 아이는 저녁 식사를 마치고 가족과 함께
시간을 보내다 자신의 방으로 들어간다. 방에 들어간 아이는 스
마트폰으로 유튜브를 보거나 게임을 한다. 그것도 아니면 메신저
를 하면서 친구들과 시간을 보낸다. 그런데 이때 프사가 무척 예
쁜 어느 여자로 보이는 사람으로부터 노크를 받는다. 그 여자는
무척 상냥하고 하는 말도 너무 예쁘다. 우리 아이를 유혹하기에
딱 적합한 캐릭터인 것이다. 그렇게 낯선 여자가 노크를 하면 대
부분의 아이는 '친구추가'를 허락한다. 왜? 프사가 예쁘니까.

그렇게 처음 대면한 여자와 아이는 평범한 대화를 나눈다. 대부분 여자가 적극적으로 친밀감을 앞세우며 아이에게 접근한다. 그러면 우리 아이도 편하게 대화를 이어 나간다. 이때까지도 아이는 아무런 의심도 들지 않는다. 딱히 범죄로 보일만 한 요소가 전혀 없으니 아이는 안심하고 대화를 이어 나간다. 그렇게 대화를 10분가량 했을 때 그 여자는 작별 인사를 하고 나가버린다.

다음 날 비슷한 시각에 다시 여자가 노크를 한다. 또 어제와 같이 일상적인 대화로 친밀감을 쌓고, 10분 후 다시 나간다. 이것을 반복하며 일주일 정도의 시간을 보낸다. 그리고 마지막 디데이 날, 비슷한 시각에 또 들어온 여자는 일상적인 이야기를 주고받다가 아이를 유혹한다.

"오늘 나 야한 이야기하고 싶은데 어때?"

이렇게 유혹하면 아이는 그동안 친밀감도 많이 쌓였고 딱히 자신이 잃을 것도 없으니 '고맙습니다' 하고 응한다. 그러면서 여자는 아이에게 화상채팅을 하자고 제안한다. 시스템을 잘 모를 것을 대비해 여자가 준비된 시나리오에 따라 화상채팅을 하는 방법을 알려준다. 대부분 우리가 알고 있는 무료 화상채팅 프로그램이다. 이 화상채팅을 깔면 바로 여자가 아이에게 다 벗은 자기 몸을 약 1분가량 보여준다. 그러고 나서 아이에게 "나도 보여줬으니 너도 보여 달라"는 식으로 이야기한다.

아이는 이미 흥분한 상태에서 유혹을 뿌리치기란 쉽지 않은 상황이다. 그러면서 여자가 같이 자위를 하자고 제안하면 유혹에 넘어간 아이는 화상채팅을 하며 함께 자위를 한다. 1분이 지났을까? 아무 말도 없이 여자는 나가버린다. 그리고 이어서 낯선 남자로부터 카카오톡 메시지가 날아온다. 내용은 섬뜩하다.

"손님, 방금 영상촬영 아주 잘 됐습니다. 화질도 좋고 각도도 아주 좋네요. 내일까지 계좌로 200만 원 보내세요. 만일 안 보내면 이 영상을 친구들이 다 볼 수도 있습니다."

아이는 순간 얼음이 된다. 다시 정신을 차리고 사태를 파악한 후에야 범인한테 부탁한다. 사실은 고등학생이라 돈이 없다고 하소연을 한다. 그럼 범인이 봐줄 줄 알고 말이다. 그 메시지를 보고 범인은 특별한 말도 없이 아이가 다니고 있는 학교 친구들 몇몇을 불러 모아 단톡방을 만든 후 이 영상을 올려버린다. 어떠한 대꾸도 할 수 없게끔 말이다. 그러면서 한마디 덧붙인다.

"지금은 몇 명이지만 내일까지 돈을 안 보내면 학급 반 전체 단톡방을 만들어서 올릴 거예요."

이 상황이 되면 아이는 어떤 기분이 들까? 그야말로 망연자실해진다. 또 누구에게 이 이야기를 털어놓을 수도 없다. 그 순간에는 생각나는 사람이 단 한 사람도 없다. 왜냐하면 자신의 영상이 너무 치욕적이기 때문에 감히 이야기조차 꺼내지를 못하는 것이다. 이것이 지금 현재 유통되고 있는 몸캠의 범죄구조다. 그렇다면 이런 경우에는 어떻게 대처해야 할까? 우선 2가지 방법을 생각할 수 있다.

첫째, 돈을 보내는 것이다. 하지만 돈을 보내면 범인이 "고맙습니다" 하고 영상을 영원히 삭제해줄 것인지를 생각해 보아야 한다. 아마도 그렇지 않을 것이 분명하다. 상대방의 크나큰 약점을 가지고 있는 범인은 처음에는 물러나는 듯하다가 아쉬울 때면 돈을 더 달라고 요구할 것이다.

둘째, 돈을 주지 않는 것이다. 돈을 주지 않으면서 모든 SNS를 탈퇴하여 범인이 피해자와 거래하지 못하도록 만든다. 이는 얼핏 보기에 너무 무모해 보이지만 이 방법이 맞다. 일단 모든 SNS를 탈퇴하고 휴대폰까지 바꿨다면 범인은 당황스럽다. 거래를 하지 못하는 상황이 생겼기 때문이다.

이런 상황에서 범인도 2가지를 선택할 수 있다. 하나는 '도망을 갔으니 혼나봐라'는 식으로 영상을 무작위로 유포하는 것이고, 또 다른 하나는 다른 피해자를 찾는 것이다. 대부분 범인은 어떤 선택을 할까? 예상을 깨고 대부분의 범인은 유포 대신 다른 피해자를 찾는다. 왜일까? 바로 유포할수록 자신의 위치가 노출될 수 있다는 두려움이 있어서다. 그리고 만에 하나라도 유포가 될 것을 대비해 아이의 연락처에 등록되어 있는 모든 지인에게 '아이가 해킹을 당해 합성이 된 영상이 유포되고 있으니 절대 열어보지 말라'고 당부하는 문자를 보내는 것이 도움이 된다.

자녀와 부모의 신뢰가 중요하다

"단지 화상채팅을 했을 뿐인데 어떻게 자녀의 정보가 모두 범인에게 전달될 수 있나요?"

이런 질문을 많이 받는다. 그것은 상호 간에 화상채팅을 연결하는 순간 정보를 빼내는 '악성 프로그램'을 아이에게 보내는 것이다. 이 악성 프로그램은 아이가 눈으로는 볼 수 없는 형태로 되어 있어서 화상채팅만 연결하면 자동으로 침투해 정보를 가져온다. 정확하게 말하면 정보를 가져오는 것이 아니라 공유하는 것을 허락하게 만드는 프로그램이다. 수년간 몸캠에 대한 예방 강의는 끊이지 않았다. 전국 강연을 통해 범죄 예방 교육을 하면 항상 제일 먼저 이야기하는 것이 바로 몸캠이다. 그럼에도 매년 5건 이상의 몸캠 피해상담을 받는다. 다행히 지금까지는 신속하게 대처해 영상이 유포된 적은 없었다.

부모는 자녀에게 구체적으로 '어떠한 상황이 생기더라도 아빠, 엄마는 너를 이해한다'는 것을 항상 이야기해 주어야 한다. 여기서 말하는 '구체적인 것'이란 최근에 일어나는 범죄들을 예로 들어가며, 다양한 수법으로 접근해 오니 항상 조심해야 한다고 말해주는 것이다. 또한 혹시라도 이러한 일을 겪게 된다면 무조건 부모한테 먼저 이야기해 줄 것을 약속받아야 한다. 어떠한 경우에라도 부모가 뒷전이 되어서는 안 된다. 그러기 위해서는 자녀가 부모를 바라보는 시선에 '진정한 신뢰'가 느껴질 수 있도록 일상에서 최선을 다해야 한다. 더욱이 이러한 몸캠 같은 절대적으로 위험한 범죄에 노출되었을 때는 자녀와 부모의 신뢰가 문제를 해결하는 결정적인 역할을 한다.

요즘 잘나가는 초등생의 기준은 뭘까?

우스갯소리로 "북한이 한국에 쳐들어오지 못하는 이유는 바로 '중2' 때문"이라는 이야기가 있다. 그런데 이제 북한이 무서워해야 할 청소년은 중2가 아니라 '초4'가 되었다.

교육부에서 '2016년 1차 학교폭력실태조사' 결과를 발표했을 때 모두를 깜짝 놀라게 했던 것은 바로 학년별 학교폭력을 경험한 학생들의 비율이었다. 생각지도 못한 결과였고, 학교폭력 현장에 몸을 담고 있는 나로서도 적잖은 충격이었다. 조사결과, 그토록 막강했던 중학생(18%)을 누르고 초등학교 4~6학년이 무려 68%를 차지하며 학교폭력 피해 경험률에서 1위에 올랐다.

나로서는 당장 학교폭력 예방의 방향과 자료 수정이 급해졌다. 또 누구에게 예방 활동을 할 것인지 그 타깃까지 달리해야 할 상황에 놓였다. 무엇보다 초등학교 고학년 자녀를 둔 부모들의 역할도 커졌다. 청소년 문제는 언제나 거슬러 올라가 보면 아이의 가정에서 시작되기 때문이다. 타이밍을 놓치면 걷잡을 수 없다는 것 또한 우리는 이미 중2병 시즌1에서 충분히 배웠다. 그러니 이 현상을 눈으로 휙 읽고 지나칠 일은 결코 아니다.

이 문제에 대해 심각하게 고민하던 차에 평소 알고 지내던 고등학교 남학생으로부터 대화요청을 받았다. 청소년의 대화요청은 크게 두 종류다. 고등학생은 페이스북 메신저, 중학생은 카카오톡 메신저다. 평소 학교에서 마주쳐도 고개만 숙이고 지나가던 친구가 뜻밖에도 메신저로 대화요청을 해왔다. 첫 마디부터 "통화되시나요?"였지만 하필이면 그때 배터리가 다 돼서 일단 대화창에 내용을 올려달라고 부탁했다. 페이스북 메신저는 대화창에 글을 작성하고 있으면 '작성 중'이라는 문구 표시가 뜬다. 그런데 작성 중 표시가 한참이다. 분명 할 이야기가 많다는 것이고, 많다는 건 내용이 심각하다는 것이다. 예상이 빗나간 적은 거의 없었다.

남학생은 자신이 사귀고 있는 여자 친구의 여동생에 관한 내용으로 상담을 요청했다. 그리고 상담을 하게 된 이유는 여자 친구와 여동생과의 사소한 대화에서 비롯됐다고 했다.

"언니, 내 스마트폰 안 봤으면 좋겠어."

"내가 네 폰을 왜 봐?"

"그렇지? 언니가 내 폰을 볼 리가 없지. 하하 난 언니를 믿어."

"뭐야."

그런데 언니는 잠을 자려는 순간, 문득 이상한 낌새를 느꼈다. 여동생이 뜬금없이 왜 스마트폰을 보지 말라고 했을까? 굳이 얘기하지 않아도 여동생 스마트폰에는 관심도 없었는데 말이다. 언니는 '이상한 거 맞는 거지?'라며 스스로에게 확인하고, 여동생이 자는 틈을 노려 스마트폰을 보았다. 카카오톡 대화창을 보는 순간 언니는 소름이 돋았다. 결국 대화창을 확인하고 언니는 남자 친구에게 이야기했고 남자 친구는 내게 연락한 것이었다.

최근 초등학생들 사이에서 잘나가는 친구로 인정을 받으려면 페이스북 '좋아요'가 많아야 한다. 예를 들면, 인스타그램은 '좋아요'가 200명, 페이스북은 300명, 카카오스토리는 500명 정도가 있어야 소위 '잘나가는 초딩'이라는 소리를 듣는다. 더구나 그중에서도 아는 중딩 언니, 중딩 오빠들이 많으면 많을수록 클래스는 더 올라간다. 그래서 카카오톡이나 카카오스토리에서 운영하는 '오픈 채팅'이나 익명으로 참여가 가능한 인기 있는 랜덤 채팅을 통해 요즘 초등학생들은 중·고등학생 언니, 오빠들과 친구를 맺는다. 심지어 초등학생들 중에는 페이스북에서 '좋아요'를 받기 위해 '좋아요 계모임'까지 만들어서 운영하는 사례도 있다.

여동생은 지극히 평범한 3학년이다. 나이로 치면 만 9살이다. 그런 여동생이 얼마 전 모바일 채팅방에서 어느 중학생 오빠를 만났다. 당연히 중학생 오빠는 여동생에게 호감을 보였고 "예쁘다, 착하다, 너 같은 초등학생은 처음이다" 등 온갖 친절한 문구로 여동생의 마음을 사로잡았다. 그리고 본색을 드러낸 것이 바로 '야챗', 즉 야한 채팅이었다. 당연히 협박도 없었고 강요도 없었다. 오직 부탁과 애원만으로 중학생 오빠에게 벌거벗은 상반신 사진을 보냈다. 이것을 어른의 입장에서 이해해서는 안 된다. 초등학생 3학년 정도의 연령이 '계획된 꼬임'에 넘어가기 쉬운 순수한 나이라는 것을 고려해야 한다.

예전 같으면 평범하지 않을 사건들이 최근에는 평범해졌다. TV와 인터넷, 그리고 소셜 네트워크에서도 이 정도의 스토리는 대중 앞에 흔히 내놓을 수 있는 콘텐츠가 되어버렸다. 그런데 문제는 이다음이다. 이 파렴치한 중학생 오빠는 사진으로도 부족해서 여동생을 직접 만나려고 시도했다. 자기는 지금 강원도에 살고 있는데 여동생이 원한다면 "당장 달려갈 수 있다"는 꼬임이다. 말 같지도 않은 사랑을 내세워 그렇게 먼 거리를 찾아오는 것 또한 초등학생에게는 '감동'으로 받아들여질 수 있다. 분명 그것을 노렸을 것이다. 그러니 당연히 오라고 했을 것이다. 어디로? 여동생의 집으로.

나도, 고민을 의뢰했던 언니도 이 대목에서 크게 놀랐다. 말이 안 되는 것 같지만 사실이었다. 그리고 더한 것은 여동생이 그 오빠에게 친절하게 집 주소까지 알려줬다는 것이다. 동, 호수까지는 아니어도 집 근처 어느 지점에 있으면 자신이 창문을 열어 확인을 시켜주겠다는 것 자체가 집 주소를 가르쳐 준거나 마찬가지인 셈이었다.

중학생 오빠의 목표는 분명했다. 여동생에게 성적인 스킨십을 하거나 어쩌면 그 이상을 원한 것이다. 그 오빠는 강원도에서 2시간이나 걸려 찾아왔으니 자기 소원을 들어 달란다. 좀 유치해 보이고 얕은 수법으로 보이지만 내가 보기에 초등학생인 여동생에게는 가장 적합한 표현이다. 여동생도 그 오빠에게 직접 찾아오면 소원을 들어주겠다고 약속까지 했다. 결국은 일어나서는 안되는 일이 일어난 것이다. 무척 당황스러웠다.

중학생 오빠는 여동생과 만나기 위해 꽤 연구를 했던 모양이다. 여동생과 그 오빠가 서로 알아보는 방법이 애들 수준치고는 나름 재치 있어 보였다. 중학생 오빠가 여동생 집에 도착하면 창문으로 종이를 던져 오빠가 받기로 했다. 그래서 밖에서 오빠가 종이를 받으면 다시 카카오톡으로 받았다는 것을 확인 후 만나기로 한 것이다. 결국 여동생은 창밖으로 종이를 던졌고 던지자마자 좁은 창틈 사이로 종이를 줍는 중학생 오빠를 보았다.

근데 이상하다. 모자를 눌러써서 자세히 볼 수는 없었지만 중학생 오빠로는 보이지 않았다. 그렇다고 고등학생으로도 보이지 않았다. 여동생의 눈에는 자신이 던진 종이를 주운 남자가 아저씨로 보였다고 했다. 이것 또한 기분 나쁜 반전이다. 다행히 아저씨로 보였던 것 때문에 여동생은 그 오빠를 만나지 않았다고 했다. 나가지 않았으니 잘 끝난 것 아니냐고 생각할 수 있지만 정말 잘 끝난 것일까? 이대로 마무리를 지어서는 안 되지 않을까? 무엇보다 꺼림칙한 건 2가지다. 상반신 사진을 보낸 사실과 범인이 집 주소를 안다는 것이다.

이대로 마무리되어서는 안 된다. 먼저 여동생이 보낸 상반신 사진을 어떻게 했는지 알 수가 없다. 본인이 가지고만 있는지 아니면 유포를 했는지 모를 일이다. 다음은 집을 알고 있다는 것은 언제든지 다시 접촉해 올 수도 있고 아니면 스토킹까지 당할 수도 있는 상황이다. 그래서 중학생 오빠로 위장한 남자를 반드시 잡아야 한다는 생각이 들었다.

언니는 부모님이 이 사실을 아시는 것을 꺼려 했다. 언니 입장에서는 당연하다. 하지만 절대 그래서는 안 된다고 이야기해 주었다. 이 문제는 여동생이 야단맞고 안 맞고의 문제가 아니라 가족 전체가 위험에 노출될 수 있는 심각한 상황이라고 전했다. 또 여동생의 성장에도 매우 중요한 문제이기 때문에 우선은 여동생의 잘못을 비켜놓고 풀어나가야 한다.

결국 부모님에게 말씀드리기로 했고 '성폭력 수사팀'에 최대한 빨리 신고할 수 있도록 당부했다. 여동생이 중학생 오빠와 대화를 원했던 건 바로 SNS의 '좋아요' 수를 늘리기 위해서였던 것이다. 다시 말해 어린 마음에 잘나가는 초등학생이 되고 싶었던 거였다. 여동생은 참 착해 보였다. 부모님 말씀도 잘 듣고, 언니 말도 잘 따른다. 학교에서 공부도 곧잘 하는 친구다. 그래서 더욱 이번 사건을 잘 풀어야 했다. 결국 우리의 바람은 여동생을 잘 지켜주는 것이니까.

사모님을 상대로 하는 아르바이트

이제는 이러한 내용을 보고도 그리 놀랍지 않다. 무뎌진 거다. SNS에 실시간으로 올라온 내용을 보고도 놀라지 않았다. 그냥 "참 잘했다 이놈"이라고 중얼거렸다. 고등학생인 이 학생은 1학년 때부터 알던 사이다. 학생회 간부였던 학생은 눈빛이 좋았고, 말투에 예의가 있었다. 마주치기라도 하면 꼭 어깨를 두드려 주고 싶은 친구였지만 그래도 1학년 때는 불안해 보였다. 2학년 때는 위태롭게 보였으나 다행히 3학년 올라와서는 달라졌다.

당직 날 아침, SNS를 하다 내 타임라인에 올라온 학생의 게시 글을 우연히 보았다. '철벽남인 척하려다 통수…'라는 제목이었다. 그 아래에는 카카오톡 대화 내용으로 보이는 이미지가 첨

부되어 있었다. 내용은 학생을 상대로 예쁜 프사를 가진 여자가 성매매를 알선하는 내용이었다. 그것도 아주 대놓고 말이다. 다행히 학생은 대처를 유연하게 잘했다. 일전에 몸캠과 관련해서 예방 교육을 할 때 SNS에 경로를 모르는 사람, 특히 예쁜 여자로 보이는 사람이 말을 걸면 절대 말려들어서는 안 된다고 신신당부를 한 적이 있었기 때문이다. 효과가 있었다.

최근 들어 범죄자들이 청소년들의 SNS에 자주 기웃거린다. 여학생들보다는 남학생들에 편중되어 있는 건 사실이지만 그렇다고 여학생들은 안심해도 되느냐? 그런 것은 아니다. 비율 면에서 그렇다는 거다. 요즘 들어 부쩍 많아진 몸캠, 렌터카, 여학생들이 열광하는 '콘서트 티켓 사기' 등으로 아이들에게는 요만큼도 '안전지대'가 없다.

중계비용 10만 원이 목적인지, 아니면 정말 성매매가 목적인지는 확인된 바가 없다. 하지만 둘 다 청소년들을 치명적인 범죄자로 만드는 것은 분명하다. 또 무엇보다 이러한 성범죄와 관련된 범죄에 연루되면 빠져나올 수 없다는 것이 더 큰 문제다. 왜냐하면 "신고를 하겠다"는 말이 아이들에겐 아주 큰 위협거리가 되기 때문이다. 그런 점에서 이러한 성범죄는 어떠한 일이 있어도 절대 현혹되어서는 안 된다.

다행히 학생은 대처를 잘했다. 그리고 앞으로도 이와 같은 유사한 유혹이 오더라도 이 학생은 절대 현혹되지 않을 것이라는 확신이 들었다. 그런데 나는 학생의 게시 글에 달린 댓글들이 가벼운 농담이라는 걸 알면서도 개운하지 않았다. '만일 이 학생처럼 이러한 유혹이 들어온다면 청소년 중에 과연 단호하게 뿌리칠 수 있는 청소년들이 10명 중 몇 명이나 될까?' 희한하게도 범죄자들은 위험에 노출되어 있는 환경을 가진 청소년들을 너무도 쉽게 찾아낸다.

나는 10명 중 3명은 제안을 받아들일 거라고 생각한다. 물론 설문조사를 한 것은 아니지만 청소년들과의 많은 만남과 상담을 통해 얻은 경험에서 나온 생각이다. 혈기왕성한 고등학교 남학생들에게 가장 참기 힘든 유혹이 바로 폭력, 성 그리고 돈의 유혹이다. 더구나 가정으로부터 보호받지 못하는 친구들일수록 현혹될 가능성은 더 커진다. 설마가 아니라 지극히 상식이다. 놀고 싶은데 돈이 없고, 여자 친구도 사귀고 싶은데 돈이 없고, 좋은 것도 사고 싶은데 돈이 없다. 그런데 쉽게 돈을 벌 수 있단다. 이런 상황에서 "할래, 안 할래?"라고 물어보면, "잠시 생각 좀 해 볼게"라는 답변이 나올 수밖에 없다.

해를 거듭할수록 '아이들은 외롭다'는 생각에 동조하게 된다. 겉으로는 외롭지 않아 보이는데 막상 혼자 있는 시간이 되면 아이들은 외롭다. 우리 아이는 전혀 외롭지 않다고 하는 부모님의 아이도 외롭고, 공부를 잘해서 선생님으로부터 칭찬을 듣는 아이도 사실은 외롭다. 그러니 아이들은 스마트폰으로 눈과 손이

갈 수밖에 없는 것이다. 대중매체가 자신을 향해 이야기하지 않는데도 마치 힘든 나에게 이야기를 하는 것처럼 받아들이고 거기에 빠져든다. 또한 모르는 사람이 말을 걸면 받아주지를 말아야 하는데 아이들의 심리가 그렇지 않다. 자신에게 관심을 가져주는 것 자체부터가 너무 좋은데 어떻게 하란 말인가. 아이들에게는 쉽게 뿌리칠 수 없는 편한 말동무이지 절대 그들이 '범죄자'라고 1도 생각하지 않는다. 문득 학생이 했던 말이 떠오른다.

"내 첫 키스를 아줌마한테 줄 수는 없지."

정말 멋진 말이다.

" 결국, 우리는 구치소에서 만났다

일주일 전까지만 해도 가출했던 학생이었다. 가출은 끝났지만 불행히도 학생이 돌아온 곳은 집이 아닌 구치소였다. 전화를 받고 의자에 털썩 주저앉았다. 어떻게 해서라도 찾고자 애썼던 지난 시간들 때문에 나는 그만 주저앉을 수밖에 없었다. 중간중간 연락은 있었다. 오늘은 청주, 그저께는 강릉 그리고 한 달 전에는 수원 며칠 사이에 여러 지방을 다닐 정도면 넌지시 예상되는 것들이 있었다. 통화를 하고 있으면 목소리 너머 서너 명의 남자 목소리와 앳된 여학생들 목소리가 들리곤 했다.

최근까지 연락을 하고 정확히 8일 동안 연락이 없었다. 그리고 학생의 어머니로부터 연락을 받은 것이다. 결국, 우리는 구치소에서 만났다. 한 명은 수감자로 한 명은 면회자로 말이다. 죄명은 물어볼 필요가 없었다. 이미 알고 갔으니까. 나를 주저앉게 만든 이유도, 꽤 긴 시간 정신을 차릴 수 없었던 이유도 바로 그 '죄명' 때문이었다.

불과 1년 전만 해도 배고프다는 연락이 오면 당장 불러내서 함께 주먹밥을 먹었고, 차비가 없다고 하면 다시 만나서 편의점에서 교통카드를 사주기도 했다. 구치소로 가는 내내 복잡 미묘한 감정이 엄습했다. 마치 엉켜있는 휴대폰 충전기 전선 같았다. 실망, 걱정, 불안, 대책…. 아마도 내가 면회를 올 거라는 생각은 못 했는지 놀란 모양이다. 무표정으로 문을 열었다가 내가 앉아 있는 걸 보고 표정이 금세 굳어졌다. 그래도 반가운 표정은 감추지 못했다.

"괜찮아?"
"네, 여기에 있는 건 어떻게 아셨어요?"
"연락받았지…. 안에 생활은 괜찮아?"
"네, 지금은 괜찮아요…."

사건전말이 궁금해졌다. 죄명이 너무 중한 범죄라서 그 사건에서 대체 어떤 역할을 했는지, 몇 명이나 가담했는지, 피해자는 어떻게 된 건지 물어볼 것이 한두 가지가 아니었다. 그리고 무엇보다 대체 왜 그런 큰 범죄를 저지르게 된 것인지를 알고 싶었다.

집으로 돌아가는 대신 범죄를 선택할 수밖에 없었던 이유가 정말 궁금했다. 어느덧 면회시간 10분이 훌쩍 지나갔고 모든 이야기를 들었지만 결국 내가 도와줄 수 있는 것은 없었다. 앞으로의 절차가 궁금하다고 해서 차근차근 설명해주고, 진정으로 반성하는 모습으로 용서를 구하라고 당부했다. 지금 필요한 것은 진심으로 반성하는 모습이라고 재차 당부했다.

면회 내내 생각보다 괜찮아 보여서 다행이라고 생각했다. 정서적인 부분에 대해서는 걱정하지 않아도 되겠다 싶었다. 그게 진심인지 아니면 보여주기 위함인지는 모르겠지만 그래도 애써 티 내지 않고 밝은 모습을 보여준다는 것만으로도 안심되었다. 마지막 인사를 나누려던 찰나에 학생은 결국 눈물을 보였다. 시간을 되돌리고 싶다는 마음이 학생의 눈물에서 느껴졌다. 면회실에서 나와 식당 매점으로 향했다. 좋아할 만한 음료와 과자들을 사서 교도관 편으로 들여보내고 구치소를 나왔다.

그 학생을 위해 내가 할 수 있는 것은 없다. 시간을 되돌릴 수 있는 방법도, 그의 부모와 가정환경을 바꿔줄 수 있는 능력도 없다. 나는 그저 만나주고 들어주고 때로는 주먹밥을 입에 물리고 웃으며 편을 들어주는 것뿐이다. 많은 대화와 설득 그리고 필요성을 근거로 돌아오라고 부탁하는 것 외에 내가 할 수 있는 것은 없었다.

범죄로 향하는 틀리지 않는 공식이 있다. 일반 학생이 비행청소년이 되고 다시 범죄소년으로 향하는 과정에는 공통적인 단계가 존재한다. 학업중단위기 → 단기 가출 → 경미 범죄 → 장기 가출 → 중범죄 순이다. 이 공식이 틀린 적은 단 한 번도 없다. 이 과정에서 다시 바로 잡을 수 있는 가장 중요한 시점은 바로 가출이 시작되는 '단기 가출'이다. 이 시점에서 부모가 자녀를 이해하고 부드럽게 설득하지 않으면 안 된다. 집요하게 문제화해야 한다. 그렇지 않으면 결국 자녀를 놓치게 된다.

“ 이것만큼은 절대 용서 못하겠다

"의심 가는 사람은 없니?"
"네, 없어요."

조금이라도 의심이 가는 사람은 없다고 했다. 범위를 넓혀보
라고 했지만 이미 그전에 먼저 여러 사람을 생각해 보았다고 했
다. 그런데도 의심 가는 사람은 단 한 명도 없다고 했다. 어느 정
도 이해는 되었다. 고민을 해온 학생은 성품이 비교적 바른 편이
다. 배려심도 깊고 활달하지만 적어도 상대에게 요만큼이라도 상
처가 될 여지가 있는 행동은 아예 하지 않는 친구다. 그래서 사실
이 고민을 들었을 때 더더욱 놀랐다. 의심 가는 사람이 없다면 이

건 상업적 범죄, 즉 불법 광고를 위한 범죄라고 봐야 한다. 쉽게 말해 돈벌이를 위해서 페이스북이나 인스타그램 등 오픈 소셜에서 무작위로 사진을 퍼와 포르노 이미지와 합성시켜 홍보하는 것이다. 말이 홍보지 거의 대부분 '스팸'이나 마찬가지다.

학생이 보내준 사진은 충격적이었다. 우리가 일반 포털사이트에서 쉽게 볼 수 있는 불쾌한 사진보다 백배는 더 불쾌한 사진이었다. 더구나 나를 더욱 화나게 만들었던 것은 학생의 이름과 학교까지 신상정보가 고스란히 노출되었다는 점이다. 거기에 입에 담기조차 힘든 저급한 문구들까지 추가되어 있었다. 이것은 법이 관여할 일이 아니라 '신'이 직접 나서서 벌을 주어야 할 일이라는 생각이 들었다. 어른인 내가 보아도 충격적인데 실제 자신의 얼굴이 알몸사진과 합성되어 있는 것을 본 여린 여학생의 마음은 얼마나 충격이 컸을까. 충분히 이해되고도 남았다.

안타깝게도 이미지의 출처는 '텀○○'이라는 사이트였다. 텀○○은 수사과정에서 경찰 수사를 매우 힘들게 만드는 업체다. 대부분의 소셜 네트워크 기업들이 '자율심의 규제'를 약속했지만 유일하게 이 약속을 거부한 기업이 바로 텀○○이다. 그러다 보니 대부분의 음성적이고 불법적인 콘텐츠들이 여기로 몰려든다.

학생들을 대상으로 교육하면서, 특히 여학생들과 부모들에게 '소셜 네트워크의 다양성'에 대한 이야기를 많이 꺼내는 편이다. 그 다양성에는 효과적이고 긍정적인 요소도 많지만 우리가 쉽게 넘어가서는 안 되는 조심해야 할 요소들이 많다. 그래서 그것을 피하는 것이 아니라 신중하고 조심해야 한다는 것을 강조한다.

이 범죄자는 학생의 자료를 구하는 데 그리 어렵지 않았을 것이다. 대부분의 청소년은 '친구요청'이 들어오면 그 사람이 누구인지 어떤 사람인지 확인하지 않고 관계를 수락한다. 하다못해 내 친구와 어떤 관계인지 정도는 확인해야 하는데 대부분 그러지 않는다. 그렇게 믿고 쉽게 친구요청을 받아주게 되면 범죄자는 학생의 사진을 마음대로 다운로드해서 가져갈 수 있고 또 학생의 프로필까지 열람할 수 있으니 아마도 이번 범죄도 그런 과정을 거쳤을 것이 분명하다.

친구요청 승인에 필요한 5가지

소셜 네트워크의 단점으로 '사생활이 없다'는 이야기를 종종 한다. 하지만 10대에게는 해당되지 않는 말이다. 지금의 10대 청소년들은 사생활을 오히려 오픈하는 추세다. '숨기는 건 이상하다'는 사고방식이 주류를 이룬다. 하지만 이런 범죄에 피해를 당하지 않으려면 소셜 네트워크에서 맺게 되는 친구 관계를 신중히 받아들일 필요가 있다. 만일 오프라인상에서 모르는 사람이 다가와서 친구를 하자고 하면 하겠는가? 절대 그럴 리 없을 것이다. 그런데 이상하게도 온라인상에서는 매우 너그럽고 쉽게 허락한다. 청소년들은 반드시 이 부분을 짚고 넘어가야 한다.

소셜 네트워크 활동을 많이 하는 나 역시도 종종 친한 교수님들과 경찰관들에게 친구요청을 받는다. 하지만 아무리 친하다고 해도 꼭 그분의 페이지에 들어가서 활동 사항을 훑어본다. 3~4년 전에 활동이 멈춰있으면 친구요청을 허락하지 않는다. 범죄적 목적을 가진 블랙해커일 게 뻔하기 때문이다. 그분들에게는 일일이 연락해서 가입한 소셜 네트워크 페이지가 해킹되었다고 알려준다. 나는 '친구요청에 대한 허락은 신중해야 한다'는 말을 강조하고 싶다. 친구요청을 분별하는 방법은 다음과 같다.

1. 친구요청이 들어왔다면 반드시 그 사람의 페이지를 확인할 것
2. 활동 사항이 언제부터 멈췄는지 아니면 지금도 활성화되어 있는지를 확인할 것
3. 나의 친구와 아는 친구라 하더라도 절대 믿지 말 것
4. 활동은 많지만 프로필이 없고 활동 사항이 대부분 '공유' 콘텐츠일 경우에는 조심할 것
5. 무분별한 친구 관계는 가급적 자제할 것

내가 일러준 대로 학생은 경찰서에 신고했다. 증거자료를 출력하면 혹시나 중간에 분실할 수도 있으니 경찰서에 가서 출력하라고 일러주었다. 마음을 굳게 먹고 진술할 것을 격려했다. 그리고 무엇보다 경찰서에 갔을 때 가급적 여자 경찰관에게 진술하고

싶다는 말을 하라고 했다. 이건 여학생의 수치심과 관련이 있기 때문에 그렇다. 다행히 상담 전보다는 훨씬 나아진 것 같아 마음이 놓였다.

나는 경찰이기 때문에 어떠한 범죄를 마주해도 분노를 자제하고 수사적 지성으로 사안을 보려고 노력하는 편이다. 하지만 이성적 태도를 무너뜨리고 주먹을 불끈 쥐게 하는 범죄가 있다. 바로 청소년의 영혼을 망가뜨리는 범죄다. 이건 용서할 수도 없고 절대 용서해서도 안 되는 일이다.

새벽에 무면허로 운전하는 아이들

늦은 시간 페이스북 친구인 학생으로부터 전화를 한 통 받았다. 무슨 일이냐고 했더니 무면허에 뺑소니를 쳐서 경찰서에서 조사를 받아야 한다며 다급해하는 목소리였다. 나는 뜬금없이 무슨 소리냐며 천천히 말해보라고 했다.

한 달 전, 학교에 다니지 않는 친구로부터 "엄마 면허증만 있으면 요즘 스마트폰 '어플'로 쉽게 차를 빌릴 수 있다"는 이야기를 들었다고 한다. 어떻게 그게 가능하냐고 했더니 렌터카 어플은 스마트폰으로 신청해서 운전면허번호만 입력하면 되기 때문에 본인 인증절차가 없다는 것이다. 그래서 운전면허번호만 승인되면 원하는 날짜, 시간에 따라 요금을 지불하고 운전할 수 있다는 이야기였다. 돈이 없기 때문에 장시간 동안 빌리지는 않았다고 했다. 시간당으로 빌리는 것이 요즘 렌트의 특징이라면서 손쉽게 몇만 원만 있으면 두어 시간 정도는 친구들 또는 여자 친구를 옆에 태우고 차량이 별로 없는 새벽 시간을 질주할 수 있단다. 그런데 사고가 난 것이다. 정확하게 말하면 5번까지는 괜찮았는데 6번째 만에 사고가 났다. 고가에서 내려오면서 신호대기 중이던 택시를 들이박고 겁이 나서 도망쳤는데 피해 운전자가 신고를 해서 내일 조사를 받으러 간다는 내용이었다.

'무면허에 뺑소니라니….'

어른이라면 구속감이다. 변명의 여지가 없다. 하지만 학교에 다니는 재학생이라면 구속을 당하지는 않을 것이다. 그런데 하필이면 학교에 나간 지 좀 오래됐다고 했다. 이 친구의 운명은 내가 알 수 있는 부분이 아니었다. 문제는 또 있다. 사고를 냈으니 렌터카 수리비와 피해차량의 수리비 그리고 피해 운전자의 치료비까지 부담해야 한다. 그런데 보험도 없다. 엄마의 신분을 속여 계약을 했기 때문에 계약위반으로 보험적용도 받지 못한다. 답이 안나왔다. 일단 조사를 성실히 받고 내일부터는 당장 학교에 충실히 나가라고 했다. 이미 꼬일 대로 꼬여버린 실타래 같아서 딱히 내가 도와줄 수 있는 건 별로 없어 보였다.

학교를 그만두었거나 좀 나대는(?) 청소년이라면 손쉽게 렌터카를 이용할 수 있다는 팁 정도는 거의 다 알고 있다. 분 단위로 계약하기 때문에 청소년의 능력으로 충분히 빌릴 수 있다는 것이 그들에게는 매우 큰 매력인 것이다. 그러니 판단력이 흐리고 분별력이 없는 청소년들에게 모바일 렌터카 어플은 치명적인 유혹이 될 수밖에 없다. 이것은 청소년들의 생명까지도 앗아갈 수 있다. 정말 말도 안 되는 어플이다. 아무것도 모르는 청소년을 손쉽게 범죄자로 만드는 이러한 어플 시스템이 어떻게 사용허가가 났는지 도저히 상식적으로 이해할 수 없는 부분이다.

" 떠도는 아이들 주변에는 항상 아는 오빠가 있다

시계를 보니 새벽 2시다. 이 시간에는 청소년들에게 전화가 오면 무조건 받아야 한다. 모르는 번호가 뜨더라도 달리 청소년 말고는 전화가 올 일이 없기 때문에 무조건 받는다. 늦은 시간 전화하는 아이들에게서 "밤늦게 죄송합니다"라는 말을 기대해서는 안 된다. 전화를 받으면 청소년들은 다짜고짜 자기가 하고 싶은 말부터 한다.

"아저씨 저 누군데요, 지금 사고가 생겼는데 어떻게 해야 돼요?"

이게 요즘 청소년들이고 조금 걱정되는 친구들에게는 당연한 행동이다. 예절을 배우지 못했다는 게 이유지만 그런 예절을 가르치지 못한 어른들의 책임도 있다. 오늘도 모르는 번호가 뜬다.

"아저씨 저 엊그제 상담했던 학생 친구인데요. 제가 지금 큰일이 생겨서요."

아이는 얼마 전 상담했던 여학생의 친구라면서 자기가 아는 오빠랑 차를 타고 노래방에 갔다가 차에서 내리면서 벽에다 '문콕'을 했는데, 오빠가 스크래치가 났다며 20만 원의 수리비를 요구했다는 것이다. 그런데 그 학생은 뭔가 이상하다고 했다. 문콕은 했지만 당시에 걱정이 되어서 문을 확인했을 때는 문이 찌그러져 있지 않았다는 것이다. 그런데 부딪치지도 않은 문고리가 손상되었다며 자기한테 수리비를 달라고 협박해서 무섭기도 하고 어떻게 해야 할지 몰라 연락했다는 것이다.

학생으로부터 위치를 전해 듣고 해당 경찰서 상황실에 신고했다. 그리고 출동하는 지구대 경찰관의 연락처를 받아서 상황을 미리 설명해 주었다. 그러면서 실제 손상된 부위가 있는지와 스크래치 부위와 부딪친 벽 부위의 높이를 꼭 확인해 달라고 간곡히 부탁했다. 상식적으로 부딪친 게 맞는다면 높이가 맞아야 할 것이고, 시멘트와 철에 따라서 파손 모양도 달라지기 때문에 유심히 봐 달라고 부탁한 것이다.

몇 시간 뒤 출동했던 지구대 직원으로부터 연락을 받았다. 지금 돈을 요구했던 오빠들을 '공갈죄'로 입건해서 형사과로 인계할 예정이라고 했다. 신고했던 학생이 형사처벌을 원한다고 했던 모양이다. 입건당한 오빠는 23살이라고 했다. 새벽 시간에 이제 17살 청소년들과 노래방에 가는 것도 웃기지만 돈 없는 청소년들을 협박해서 또 다른 목적으로 접근하려고 머리를 굴렸다는 게 너무 화가 났다.

사건이 마무리된 후 상담한 학생에게 전화를 걸었다. 전에도 이야기했지만 새벽 시간까지 돌아다니면 이런 범죄를 당할 수 있다는 것을 알려줬다. 그리고 이번 경우에는 운이 좋았지만 나중에는 더 큰 피해를 당할 수 있으니 항상 사람을 사귀는 데 조심하라고 일러두었다. 전화를 끊었는데 이상한 기분이 들었다.

'뭐지… 허공에 대고 나 혼자 떠들고 있는 것 같은 이 허무한 기분은….'

누구를 위한 고소인가

학부모 강연을 순회한 지 한 달 가까이 지났다. 강연이 끝나고 고맙다는 메시지도 왔었고, 학교 선생님들에게도 좋은 강연 감사하다는 피드백을 받았다. 이렇게 감사 인사를 보내오면 참 고맙고 신난다. 사실 강연의 목적은 내 메시지가 청중들에게 잘 스며드는 것에 있다.

어느 날 모르는 전화번호로 전화가 왔다. 내 강연을 들었던 어머니 중에 한 분이라고 하셨다.

"너무 억울한 일이 있어서 이렇게 전화를 드리게 되었습니다. 우리 아이가 문방구 아주머니한테 도둑으로 몰렸는데 '무고죄'와

'명예훼손죄'로 처벌할 수 있나요?"

　아주 간략하고 요점만 있는 내용이었다. 이야기를 들어보니, 오늘 학교에서 돌아온 딸이 펑펑 울면서 집에 들어왔다고 했다. 이유인즉슨, 등교하기 전 아이가 문방구에서 과자를 훔치지도 않았는데 문방구 아주머니가 지난주 금요일에 있었던 일을 가지고 아이들이 다 있는 데서 딸아이를 '도둑'이라고 불렀다는 것이다. 딸아이는 아니라고 이야기를 해도 아주머니는 일방적으로 다시 또 그러면 신고하겠다며 아이한테 으름장을 놓았단다. 그곳에는 딸아이 말고도 등교 중인 많은 학생이 있었다. 그러다 보니 학교에서 친구들이 딸아이에게 도둑이라고 놀렸고, 아니라고 아무리 말해도 친구들이 믿어주지 않는다며 결국 집에 와서 울음을 터뜨린 것이다.

　이야기를 전해 들은 어머니는 맨발로 뛰쳐나가다시피 하여 문방구 아주머니를 만났고, 머리끄덩이를 잡기 일보 직전까지 서로 간에 언쟁이 오갔다고 한다. 결국 어머니가 CCTV를 보여 달라고 해서 봤더니 아이가 물건을 집는 장면은 확인이 됐지만 돈을 지불하는 장면은 사각지대에 있어 보이지 않았다. 아이에게 물었더니 과자를 가방에 넣고 분명히 아주머니에게 500원을 지불했단다. 그런데 문방구 주인은 전혀 받은 사실이 없다는 것이다.

　"다른 아이들이 보고 있는데 도둑이라고 말할 수가 있어요?"

정말 아이를 생각한다면 설령 아이가 나쁜 짓을 했다고 하더라도 부모님을 찾아야 하는 것이 옳을 것이다. 결국 어머니는 그 아주머니를 처벌하고 싶다며 절차를 물었고, 무고죄와 명예훼손죄가 성립되는 건지도 확인받고 싶다고 했다. 무고죄는 고의가 없고 또 신고를 하지 않았기 때문에 성립이 어렵고, 명예훼손죄는 아이가 물건을 훔쳤다는 사실의 적시가 있어서 명예가 피해자의 보호법익보다 우선하는지를 검토하면 죄의 성립은 가능해 보이기도 했다. 어머니의 말처럼 여러 명의 아이가 있었다면 성립될 가능성이 크다.

하지만 중요한 것은 결국 아이를 위한 결정이 되어야 한다는 것이다. 어머니의 뜻에 따라 법적으로 문방구 아주머니를 고소하는 것이 누구를 위한 고소인지를 스스로 생각해 달라고 부탁했다. 고소를 해서 형사 절차를 밟게 되면 기본적으로 아이의 진술은 불가피하다. 결국 아이와 어머니는 경찰서에서 진술을 해야 하고, 상대방인 아주머니도 진술을 해야 한다. 그러다 서로 간의 진술이 어긋나면 대질조사를 벌여야 하고, 입증자료가 없으면 당시 목격했던 학생들을 찾아서 진술을 받아야 한다. 과연 이것은 누구를 위한 전쟁인가.

"그건 그렇겠네요."
"그럼요, 어머니."

"딸아이는 그 아주머니를 혼내 달라고 하는데 그럼 어떻게 하죠?"

아이가 분통해하는 일을 겪었을 때 부모의 역할은 중요하다. 만일 아이가 호소하고 있는데도 부모가 이를 모른척하거나 소극적으로 대응하면 아이는 "우리 부모는 나를 위해 아무것도 하지 않아"라고 생각할 수 있다. 실질적으로 초등학생 같은 저학년의 아이들은 그렇게 생각한다. 하지만 그렇다고 딸아이의 기분을 회복해주기 위해 경찰서를 들락거리면 그것 또한 아이의 정서에 결코 좋지 못한 이미지를 남길 수도 있다. 때문에 부모님들은 아이들에게 말을 잘해야 한다. 간단한 농담이라도 단어 선택이나 비유적인 표현도 주의해서 사용해야 하며, 특히 나이가 어릴수록 아이들은 단편적으로 받아들이는 습성이 있어서 말을 쉽고 예쁘게 해야 한다. 어머니에게 딸을 위해 어떻게 말을 하면 좋을지를 고민해보라고 권했다.

중요한 것은 사실 확인 단계는 필수라는 것이다. 아이가 아니라고 한다면 물증이 없는 이상 아이의 이야기를 절대적으로 믿어주는 모습이 필요하다. 또한 잘못된 행위에 대해서는 아이의 정서와 맞게 동조를 해주는 역할이 필요하다. 그러면서 직접적으로 부딪히면 오히려 아이가 더 힘들어질 수 있다는 것을 차근차근 이해시켜야 한다. 여기에서 동조와 신뢰는 필수다. 그리고 아이의 이야기를 받아들이는 부모의 태도도 매우 중요하다.

무엇보다 담임 선생님에게 이 사실을 알릴 것을 부탁했다. 혹시라도 학교에서 '도둑'이라는 말로 딸이 지속적인 놀림을 당할 수도 있으니, 그것은 담임 선생님이 가장 잘 확인할 수 있는 부분이라고 설명해 주었다. 통화를 마치고 나니 다시 문방구 아주머니의 언행이 떠올랐다.

'대체 문방구 아주머니는 왜 그런 말을 했을까? 좀 더 세련된 방법이 있었을 텐데….'

술 취한 아저씨에게 액세서리를 파는 일

"아르바이트 면접 가는데 이상한 곳은 아니겠죠? 장기매매 당하면 어떡하죠? ㅋㅋ."

며칠 전 한 여학생이 메신저로 보낸 내용이다. 그럴 리 없다고 했다. 아무리 강력 범죄가 많이 일어나는 무서운 사회지만 모든 사례를 강력범죄와 연결시킬 만큼 걱정할 사회는 아니라고 말해 줬다. 보통 아르바이트 구인 광고는 남고보다 여고 앞이 더 많고, 여고 중에서도 인문고보다는 특성화고 앞이 더 많다. 아르바이트 인력이 필요한 업체는 다른 어떤 곳보다 특성화고 학생들을 선호한다. 그들이 말하는 좋은 조건 '어리고, 말 잘 듣고, 급여에 약하다'는 점을 두루 갖춘 사람들이 바로 고등학생들이다.

홍보문구 또한 여학생들에게 매우 친화적이다. 귀엽고 친근감 있는 문구로 학생들의 관심을 자극하는가 하면 스스로 열심히만 하면 돈은 더 많이 벌 수 있다고 과장되게 홍보한다. 여학생이라면 누구나 현혹될 수 있는 그런 문구다.

특성화고에 다니는 이 여학생도 그랬다. 주말 시간을 이용해 아르바이트를 하고 싶은데 마땅한 게 없었다. 그러다 우연히 하굣길에 나눠주는 아르바이트 구인 광고지를 보고 마음이 끌렸고, 혹시나 불안한 마음에 내게 메신저를 보낸 것이다. 학생이 보내준 구인 전단지를 받아보고는 걱정이 되어 함께 알아보자고 했다. 해당 업체를 확인했더니 인터넷상에서는 구체적인 업체정보가 없었다. 일반적인 구인 사이트에서는 문제없이 홍보하고 있었고, 해당 업체에 대한 비난 댓글은 찾아볼 수 없었다. 그렇다면 일단 해볼 만한 일이 아닌가 싶어 학생에게 면접 분위기를 보고 이야기하자고 했다.

며칠 후 면접을 다녀온 학생이 메신저를 보냈다. 면접을 봤던 실장이라는 남자도 매우 젠틀하고, 액세서리를 판매하는 거라 자기만 열심히 하면 급여는 많이 받을 수 있을 것 같다고 했다. 또 면접을 보는 이유는 나름 판매하는 아르바이트생의 외모도 중요하기 때문인데 학생은 일단 합격이라고 했단다. 다만 저녁 시간에 일하는 부분이라 마음에 걸렸지만 고등학교 2학년 정도면 위험한지 아닌지에 대한 분별력은 있을 거라고 믿었다. 이틀이 지나고 학생으로부터 메신저를 받았다. 오늘 처음 아르바이트를 해보고 그만두었단다. 그건 아르바이트가 아니라고 했다. 그냥 '잡상인'이란다.

아르바이트 첫날 저녁 8시, 설레는 마음으로 사무실에 갔더니 면접을 본 실장님이 학생과 또래로 보이는 여학생들을 차에 태워 사람들이 많은 유흥가 한복판에 내려줬다고 했다. 업체에서 판매하는 휴대폰 받침대와 로또 복권 한 줄짜리를 끼워 넣어 술 취한 아저씨들을 상대로 개당 만 원에 판매하는 아르바이트였던 것이다. 쉽게 말해 술에 취해 아무것도 모르는 아저씨들에게 접근해서 개당 3천 원도 안 되는 휴대폰 받침대를 학생들의 애교로 판매하는 일이었다. 그렇게 판매를 하고 있으면 11시쯤에 다시 학생들을 데리러 차가 온다. 그렇게 해서 판매한 금액과 남은 액세서리를 반납하면 하루 일과가 끝난다고 했다.

신기했던 건, 몸도 잘 가누지 못하는 술 취한 아저씨한테 다가가서 물건을 사달라고 하면 아저씨가 딸 같아서 만 원을 주고 사준다는 것이다. 결국 업체는 그걸 이용하고 있었다. 그래서 술집에 들어가서 팔기도 하고, 길거리에 비틀비틀 걸어가는 아저씨한테 다가가서 팔기도 한단다. 실제 학생도 그렇게 해서 액세서리 1개를 팔았다고 했다.

결국 학생은 첫날 아르바이트를 하고 그만두었다. 학생은 하루하고 그만둔 것을 업체에 미안해하고 있었다. 그럴 필요 없다고 하면서 오히려 정말 잘 그만두었다고 위로해줬다. 학생의 말에 따르면 아르바이트를 하러 오는 학생들 중에는 중3도 있단다. 화장을 하고 담배를 피우며, 몇 달 했는지는 모르겠지만 학생보다 훨씬 더 판매를 잘한다고 했다. '그 친구는 어떻게 아르바이트를 하게 되었을까?' 문득 궁금해졌다. 그리고 불안한 마음에 관할 노동청에 이 사실을 통보했다. 여기서 짚고 넘어갈 것이 있다. 우리 부모들은 보통 자녀가 아르바이트를 한다고 할 때 요목조목 업체를 알아보며 구체적으로 무슨 일을 하는지 꼭 확인할 필요가 있다. 그냥 자녀를 믿는다며 근로계약서에 서명만 해서는 안 될 일이다.

발신 번호 표시제한으로 하면 정말 모를까?

발신 번호 표시제한으로 설정한 후 스마트폰으로 전화를 하면 자신의 번호가 뜨지 않은 채 상대방에게 전화 연결이 된다. 얼마 전 아는 여중생으로부터 문자를 받았다. 학생으로 보이는 남자가 발신 번호 표시제한으로 전화를 해서는 성(性)적인 이야기를 하면서 신음소리를 내다 끊었다고 했다.

"대장님, 어떻게 하죠?"
"혹시 녹음은 했니?"
"아니요. 녹음은 못했어요."
"괜찮아. 다음에 또 그런 전화가 오면 꼭 녹음하고 전화 수신 사항을 캡처해야 해."

그리고 이틀 후 다시 학생으로부터 연락이 왔다.

"대장님, 방금 또 전화가 와서 녹음했어요."
"잘했다. 수신 내역 캡처하고 내일 학교 마치고 나한테 와."

번호를 숨기고 전화를 하면 자기 번호가 안 뜨니까 당연히 마음대로 해도 된다고 생각했던 모양이었다. 그런데 어쩌지? 번호를 숨겼다고 해도 통화 내역을 확인하면 번호를 확인할 수 있다. 물론 일반적으로는 개인의 통화 내역을 확인하면 발신 내역밖에 서비스를 받지 못한다. 하지만 사건접수를 하면 달라진다. 경찰에 신고하면 수사를 착수해서 판사로부터 영장을 받아 통화 수·발신 내역을 모두 확인할 수 있다. 그럼 수신 내역에서 해당 시간에 전화했던 번호가 고스란히 뜨기 때문에 쉽게 확인할 수 있다. 이것은 안 했다고 무작정 우길 만한 사항이 아니다. 우기면 더 큰 일 난다.

한때 유행했던 범죄 유형으로, 특히 젊은 남자들이 무작정 임의로 번호를 눌러 여자가 받으면 번호를 저장하고 남자가 받으면 그냥 끊어버린다. 그리고 심야에 저장해 놓은 여자에게 다시 전화를 걸어 일방적으로 성적인 이야기를 하는 것이 일반적인 유형이었다. 전화를 받은 여자는 매우 불쾌해하면서도 두려워서 신고는 거의 하지 않는 사례가 많았다. 일을 크게 만들고 싶어 하지 않는 여성들의 보편적인 심리를 이용한 범죄라고 봐야 한다.

다음 날 여학생은 부모님과 함께 신고를 했다. 물론 신고를 하면서 당시 녹음파일과 통화시간을 알 수 있는 캡처 이미지까지 제출하는 것을 잊지 않았다. 수사가 진행되면서 수사관이 발신 번호로 전화를 걸었더니 어려 보이는 어떤 남학생이 받았다. 그리고 범죄 행위에 대해 설명하고 자진 출석을 요구했다. 물론 놀라는 건 남학생보다 그 부모님이었다.

"수사관님, 우리 아이는 이제 어떻게 되는 건가요?"

월 천만 원 벌고 싶은 청소년을 모집합니다

'월 천만 원 벌 학생을 모집합니다.'

어떤 학생이 SNS에 이런 문구를 올렸다. 이런 문구를 왜 올렸는지 물어보면 보통 대부분은 죄가 되는지 안 되는지 아무것도 모르고 "그냥 아는 형이 부탁해서 한 거예요"라고 대답한다. 그러다 중형을 받을 수 있다는 것도 전혀 모른다.

내가 알고 있는 청소년들만 해도 꽤 많다. 각자 다른 개성을 갖고 있어서 대화를 나누다 보면 참 다양한 이야기로 재미와 감동을 얻기도 하고 때로는 걱정도 되기도 한다. 아이들에게 하루에 10가지 이야기를 듣는다면 그중에 5가지는 고개를 갸우뚱거리게 된다. 하지만 고개를 갸우뚱거린다고 해서 일일이 청소년에게 다 확인하는 건 아니다. 그러면 그들에게 샌님으로 소문나서 앞으로 소통하는 데 큰 어려움을 겪는다. 대부분은 그냥 참고 넘어간다. 하지만 정말 이상한 건 직접 확인한다. 오늘도 페이스북에 이런 문구의 게시물이 하나 떴다. 내가 잘 알고 있는 두 친구 녀석이 공교롭게도 같은 게시물을 페이스북에 올렸다.

"월 천만 원 벌 사람, 남자만!"
'대체 뭘까? 상식적으로 생각해도 이해가 안 되는데…. 어떻게 월 천만 원을 번다는 거지? 더구나 청소년이.'
게시물에 댓글을 달아보았다.
"대장님도 월 천만 원 벌고 싶다."
"ㅋㅋ 대장님은 안 됩니다. 고등학생만 됩니다."
'이게 무슨 말이지? 왜 나는 안 되고 청소년만 된다는 걸까?'

다시 그 친구에게 메신저를 보냈다. 합법적인 일을 통해 월 천만 원을 번다는 건 불가능한 일이다. 그렇다면 이건 범죄. 당장에 나의 머리를 스치는 단어들이 있었다. '장기매매, 호스트빠, 빵 대리(대신 교도소 들어가는 일)' 등이다. 이것 말고 청소년이 매월 천만 원을 벌 수 있는 게 있을까? 물론 이것도 추측이지 정확한 건 아니다. 요즘은 외국인 근로자들이 많이 일하고 있어서 멸치잡이 배도 청소년을 태워주지 않는다.
결국은 아는 형이었다. 아는 선배가 홍보해 달라고 해서 한 것이고 홍보해준 것도 처벌받는다는 건 몰랐단다. 이 또한 동네 아는 형이 가지고 있는 인적 네트워크의 힘이다. 웬만해서는 사라지지 않는 우리 동네 아는 형들 때문에 청소년들이 범죄의 사각지대로 내몰리고 있다.

얼마 전까지만 해도 청소년을 대상으로 한 섹스 파트너 모집이 유행이었다. 입에서 입으로 소개되면서 좀 논다는 친구들 사이에서는 단기간에 큰돈을 만질 수 있다는 광고가 음성적으로 퍼진 적이 있었다. '섹스'라는 자극적인 소재를 가지고 즐기면서 돈을 쉽게 벌 수 있을 거라는 좀 노는 청소년들의 근성을 잘 이용한 범죄였다. 그래서 성매매에서도 여학생이 조건만남을 하다가 검거되는 경우가 많다. 최근에는 남학생들이 보도방이나 호빠를 통해 적발되는 사례도 심심찮게 발생하고 있다. 미치고 팔짝 뛸 노릇이다.

방금 학생으로부터 메신저가 왔다. 선배한테 물어보니 선배도 아는 선배한테 부탁받은 거라서 정확하게 무슨 일을 하는지는 모른다고 했다. 그래서 친구들에게 물어봤더니 인터넷으로 사기 범죄를 모의 중인데 총대를 메고 한 명이 교도소에 가는 대신, 사기 친 금액의 80%를 받는 일이라는 이야기를 들었다고 했다. 물론 정확한 건 아니라며 나에게 죄송하다고 했다. 모르는 건 죄송한 일이 아니라고 이야기해줬다.

일단은 글을 내리라고 하면서 홍보 자체도 공범으로 인정될 수 있다고 말해주었다. 다른 친구들에게도 이러한 홍보글을 올리지 않도록 제대로 알려줄 것을 당부했다. 학생의 대답은 씩씩했다. 학생과의 대화를 마치고 나는 사이버수사팀을 찾았다. 그리고 이 사실에 대한 정보를 알려주었다. 범죄를 모의하고 있는 친구들을 사전에 차단해야 하니 어쩔 수 없었다.

'삥'을 뜯기 위한 함정

"아저씨, 물어볼 게 있는데 괜찮으세요?"

"응, 괜찮아."

지난해 학교폭력 피해를 입었던 학생이 울먹이며 전화를 했다. 꽤 오랜만이다. 자신이 지금 난처한 상황에 처했는데 어떻게 해야 할지를 모르겠다며 도와달라는 내용이었다.

"심호흡 좀 할까? 뭐 때문에 그래?"

조금 전에 벌어진 일이라고 했다. 학생은 학교를 마치고 집으로 가는 길에 우연히 인형 뽑기 위에 놓인 지갑을 보았다. 그냥 지나가면 되는데 지갑을 갖고 싶었던 모양이다. 아니, 지갑 안에 있을 돈이 갖고 싶었던 것이다. 사람들이 다 보고 있으니 '어떻게 하면 자연스럽게 가져갈 수 있을까?'를 고민하다가 순간 떠올랐던 생각이 친구였다. 친구가 지갑을 인형 뽑기 위에 놓고 와서 마치 자신이 친구의 심부름을 하는 것처럼 보이게끔 꾸미고 가져가면 되겠다고 생각한 것이다. 머릿속에서 구상한 계획을 실행에 옮기기 위해 몸을 돌려 인형 뽑기 쪽으로 걸어가면서 전화하는 척했다.

"응, 인형 뽑기 위에 지갑 있어. 이거 맞지?"

그리고 태연하게 친구의 지갑인 것처럼 지갑을 습득하고 다시 집으로 걸음을 옮기려고 했다. 그런데 그때 같은 나이 또래로 보이는 남학생 3명이 학생의 옷자락을 붙잡았다.

"야, 왜 남의 지갑을 가져가?"
"지갑이 여기 있어서 파출소에 갖다 주려고 했는데 왜?"

변명을 했지만 소용없었다. 지갑 주인과 친구들이 마침 그 옆에서 지켜보고 있었다고 했다. 학생이 말하는 통화 내용까지 다 들어서 변명할 수도 없었다. 거짓말이 들통난 것이다. 친구랑 실제 통화도 하지 않았으니 해명할 수도 없는 상황이었고 분위기는 조금 험악해졌다. 지갑 주인과 친구들이 아이를 옆 골목으로 데리고 가서 몰아붙이기 시작했다.

"어이, 내 지갑 훔쳐갔으니까 경찰에 신고할 건데, 진짜 신고할까?"

"아니."

"신고당하기 싫으면 합의를 해주든지?"

"합의?"

"5만 원만 주면 경찰에 신고 안 하고 없던 일로 할게."

"잠깐 전화 좀 하면 안 될까?"

그래서 내게 전화를 한 것이다. 범죄를 저질렀다면 편법은 없다. 그건 소신이기도 하지만 가장 정확한 방법이기도 하다. 편법은 독이라는 게 내 생각이다. 더구나 한참 배우고 자라야 할 학생들에게는 더더욱 그러하다. 학생에게 말했다.

"네가 직접 신고해."

처음에는 놀랐지만 지갑 주인과 친구들의 행동이 이상해 보이니까 일단 그 아이에게 먼저 신고를 해서 경찰 조사를 받는 게 좋겠다고 했다. 물론 부모님이 아시면 많이 혼날 거라는 걸 겁먹고 있었지만 그걸 피하기 위해 신고를 안 할 수는 없었다.

"그냥 합의를 하고 끝내면 안 될까요?"

그건 아니라는 생각이 들었다. 신고를 한 후에 경찰이 오면 나에게 전화를 해서 바꿔 달라고 했다. 그리고 전화를 끊었다. 5분 정도 지나자 학생의 휴대폰으로 경찰관이 전화했다.

"주변 CCTV와 주차된 차량의 블랙박스를 확인해주세요."

나는 그 경찰관에게 부탁했다. 학생이 지갑을 가져갈 당시 지갑 주인과 친구들이 옆에 있었던 것으로 보여 애초에 학생들이 만든 '덫'이 아닌지 의심이 든다고 얘기했다. 학생들이 통화하는 내용도 다 듣고 있었고, 지갑을 가지고 몇 발짝 가지 않아서 붙잡힌 게 많이 수상해 보이다고 말했다. 그래서 귀찮겠지만 다시 한번 주변 CCTV를 확인해 보고, 그것도 없으면 길가에 주차된 차량의 블랙박스까지 확인해 달라고 간곡히 부탁했다.
확인 결과, 근처에 CCTV는 없었다. 그래서 학생들이 그런 장난을 쳤을 수도 있다. 하지만 학생들이 생각하지 못했던 곳에서 증거자료가 나왔다. 바로 길가에 주차된 차량의 블랙박스다. 주차된 한 차량의 블랙박스에서 지갑 주인과 학생들이 고의로 인형 뽑기 위에 지갑을 올려놓은 뒤 골목에서 대기 중인 모습이 영상에 찍혀 있었다. 결국 학생들에게 합법적인 '삥'을 뜯기 위해 지갑이라는 덫을 만들어 놓은 것이다. 그리고 학생이 그 덫에 걸려던 것이다.

학생한테서 다시 연락이 왔다. 부모님과 함께 파출소에 갔다가 반성문을 쓰고 나오는 길이라고 했다. 지갑 주인과 친구들 또한 파출소에서 부모님을 불렀던 모양이다. 파출소에서도 이번 일이 청소년들 문제이기 때문에 입건하기보다 부모님들의 의견을 반영하여 훈방조치를 했다. 모두 해결이 잘됐다. 2시간가량 지났을까? 학생의 아버지로부터 연락이 왔다. 고맙다는 인사였다. 나는 학생이 충분히 스스로 느끼고 자책했을 테니 너무 나무라지 말라고 부탁드렸다.

" '동네의 세계'를 우습게 보면 안 된다

'네다바이'란 남을 교묘하게 속여 금품을 빼앗는다는 뜻의 일본어로 '사기 범죄'를 지칭하는 은어다. 청소년들 사이에서도 네다바이 수법의 범죄가 존재한다. 금품을 갈취하려면 적당한 핑계가 있어야 하기 때문이다. 동네에서 힘 좀 쓰는 형이 순진한 동생들에게 큰돈을 뜯어내기에는 네다바이만큼 좋은 수법이 없다. 공교롭게도 대사 하나 안 틀리고 시나리오가 똑같다. 오토바이가 원래 고장이 났었는지 아니면 고장 났다고 거짓말을 하는지는 중요하지 않다. 그냥 인상 좀 쓰는 동네 형이 "너 때문에 오토바이가 고장 났다"고 하면 후배 입장에서 이처럼 난감한 경우는 없다.

동네 후배가 아르바이트비를 받았다는 것은 또 어찌 알았을까? 동네 형의 정보력은 대단하다. 동생들은 동네 형의 눈 밖에 나게 되면 위축이 되기 때문에 전전긍긍한다. 어차피 이 동네를 떠나지 않는 이상 동네 형에게 잘못 보이면 여러 가지로 힘들어진다는 것은 굳이 설명하지 않아도 이해할 것이다. 혹시나 우기거나 따지기라도 하면 지속적인 폭행을 감당해야 한다는 것도 너무 잘 알고 있다. '동네의 세계'를 우습게 보면 안 된다.

어느 날 예고도 없이 담당하고 있는 고등학교 1학년 남학생에게서 전화가 왔다. 한 달 전쯤 학생은 알고 지내던 동네 형한테 제안을 받았다. 자신이 오토바이를 사려는데 30만 원이 모자란다며 30만 원을 빌려주면 돈도 갚고 오토바이도 타게 해주겠다는 것이다. 그래서 동네 형에게 30만 원을 빌려주었다.

다음 날 동네 형이 약속한 대로 오토바이를 타보라고 해서 5분 정도 탔다. 그리고 집으로 돌아왔는데 형에게 전화가 왔다. 너 때문에 오토바이가 고장이 났으니 수리비 50만 원을 물어내라는 것이다. 학생은 어쩔 수 없이 빌려준 30만 원을 제외하고 20만 원을 입금했다. 이틀이 지나서 동네 형에게 또다시 연락이 왔다. 뜬금없이 "오토바이를 사기로 했으면 빨리 사야지 왜 안 사느냐"고 협박하기 시작했다. 자기가 사겠다고 한 적이 없는데 오토바이 구입 비용을 가지고 오라며 수십 차례 전화를 해댔다. 돈을 안 가지고 오면 경찰서에 신고하러 가겠다고 했다.

말도 안 되는 억지지만 학생이 걱정하는 이유가 있었다. 동네 형은 학생의 약점을 잘 알고 있기 때문이다. 의도적으로 오토바이를 타라고 한 것도 약점을 잡기 위해서다. 면허가 없는데 오토바이를 타게 되면 무면허 운전으로 처벌받는 건 청소년이라면 다 알고 있다. 동네 형이 무면허로 운전한 것을 약점으로 잡고서 괴롭히면 동생들은 처벌이 두려워 신고를 하지 못한다. 부모님에게도 당연히 이야기를 할 수 없다.

이러한 수법은 시나리오 토씨 하나 안 틀리고 똑같다. 인상 좀 쓰는 동네 형들은 범죄 수법도 공유하고 있으니 그럴 만도 하다. 중요한 건 이 학생처럼 용기를 내서 신고하는 것이다. 피해 학생이 신고를 하게 되면 담당 형사는 가해 학생에게 경고하는 것을 잊지 않는다. 경고를 했는데도 피해 학생을 괴롭히면 그건 보복행위로 간주되어 처벌을 더욱 엄하게 받는다. 그들 말로 바로 소년원행이라고 보면 된다.

이러한 신고 과정에서 무엇보다 중요한 것은 피해를 입은 자녀와 이야기하는 부모님의 태도다. 다짜고짜 손부터 올라가거나 욕설하면 절대 안 된다. 그것은 자녀에게 전혀 도움이 되지 않는다. 다시 말해 야단을 칠 때와 이야기를 들어줄 때를 분명히 구별해야 한다. 그럼 자녀는 아무리 힘든 일이 있어도 부모에게 도움을 요청할 것이다. 그래야 문제가 해결된다. 조사를 마치고 학생에게 다시 전화가 왔다. 자기를 대신해서 아버지에게 사정을 이야기해줄 것을 부탁했다. 나는 당연히 그렇게 해주겠다고 했다.

온라인 중고마켓 사기, 알고 보니 학교 밖 청소년

한 번쯤은 들어봤을 것이다. 온라인 중고마켓에서 판매자에게 돈을 입금했더니 기대했던 상품 대신 벽돌이 배달된 웃픈 이야기 말이다. 청소년 10명 중에 3명은 온라인에서 물건을 거래한다. 경제력이 없는 청소년들이 알뜰하게 물품을 구매하기 위해서다. 구매하는 물품에는 종류가 다양하다. 청소년들이 좋아하는 의류나 화장품부터 콘서트 티켓까지 말 그대로 없는 게 없다. 그만큼 청소년들 사이에서 온라인 거래는 이미 생활화되었다. 내게도 한 달에 거의 한 번꼴로 "대장님, 저 중고○○에서 사기당했어요. ㅠㅠ"라는 메시지가 온다. 온라인 마켓 자체는 아무런 잘못이 없다. 단지 그 마켓 안에서 활개 치는 사기꾼들이 문제다.

이번에도 메시지 알람이 울렸다. 상담을 요청한 친구와 나의 대화 내용을 보면 지극히 사무적이라는 것을 알 수 있다. 상담을 요청한 친구는 사기 피해가 이번이 처음이 아니라 늘 있는 일인 것처럼 말했고, 나 또한 한 달에 한 번꼴로 사기 피해상담을 받을 정도여서 나도 모르게 건조하게 대답했다. 아니나 다를까 온라인 중고마켓에서 사기를 당했다는 이야기였다.

대부분의 사이버 사기 피해는 사건이 발생하는 건수에 비해 그 범인을 잡기가 쉽지 않다. 흔히 사기'꾼'이라는 친구들은 아이디는 물론 휴대폰 번호, 입금계좌까지 대부분 자신의 명의를 숨기고 타인의 명의를 도용해서 거래한다. 따라서 거래를 통해 양도를 해줬다면 더 이상의 수사단서가 있지 않은 한 범인을 잡기란 쉬운 일이 아니다. 어느 바보가 자신의 명의를 밝히고 사기를 치겠는가? 그런데 오늘 상담했던 학생으로부터 뜻밖의 이야기를 들었다.

"대장님, 저 범인 잡았어요. 저 이제 사기당한 돈 받을 수 있을 것 같아요."
'대체 무슨 말이지? 정말 잡았다는 건가?'

사이버 사기 피해를 당한 학생이 범인을 잡았다는 이야기는 처음 들었다. 대체 범인이 누구기에 그리 쉽게 잡혔을까 궁금했다. 피해 학생은 범인이 건네준 연락처와 이름을 가지고 페이스북에서 검색을 했다. 그런데 정말로 페이스북에 프로필이 떠서 메신저를 통해 돈을 보내주지 않으면 당장 신고하겠다고 메시지를 보냈다. 그랬더니 의외의 답변이 날아왔다. 자기는 친구에게 명의를 빌려주었을 뿐 아무런 잘못이 없다고 했다. 그러면서 명의를 빌려 간 친구와의 대화 내용을 캡처까지 해서 피해 학생에게 증명해주었다. 그래서 진짜 범인이 누구인지 알게 되었다는 것이다.

피해 학생은 이미 경찰서로 달려가 고소를 한 상태였다. 중요한 것은 바로 피해복구, 즉 사기당한 25만 원을 돌려받는 일이다. 대부분의 사기꾼이 돈을 편취해서 모두 다 써버리기 때문에 피해당한 돈을 완전히 회수하기가 어렵다. 더구나 범인이 학생이라면 부모님이 대신 변제해 줄 수도 있겠지만 학교를 그만둔 청소년이 가출까지 해서 부모가 이미 등을 돌린 지 오래된 상황이라면 피해당한 돈을 돌려받는 것은 정말로 어려운 일이 돼 버린다.

범인이 학교에 다녔으면 고등학교 1학년쯤 됐을 것이다. 명의를 빌려준 친구 역시 학교에 다니지 않는 학교 밖 청소년이었지만 피해 학생과의 대화 내용으로 보아 범죄에 가담한 흔적은 없어 보였다. 범인이라고 밝혀진 친구에게 전화를 했다. 항상 생각하는 거지만 범인이 미운 건 아니다. 이렇게 범죄를 저지르도록 방치한 부모가 더 미울 뿐이다. 이 상황에서 범인을 야단친다는 것도 어리석다. 일단 차분하게 대화해 보는 것이 먼저다. 통화하자마자 잘못했다고 인정했지만 미안하게도 돈은 없다고 했다. 피해 학생으로부터 돈을 받은 후 너무 배고파서 밥을 사 먹고 원룸 방값을 지불했단다. 물론 죄송하다고도 했다. 달리 방법은 없어 보였다. 통화를 마치고 피해 학생에게 그대로 전했더니 고소한 것을 취소하지 않겠다고 했다.

이 사건 외에도 최근 사례가 몇 가지 더 있다. 콘서트 시즌이 되면 아이돌을 좋아하는 청소년들에게 사기꾼들이 접근한다. 물론 페이스북을 통해 게시물을 둘러보면서 미리 정보를 가지고 접근하는 것이다. "요목조목 꼼꼼히 잘 따져서 거래해야지" 하면서도 피해당하는 친구들이 많다. 특히 남학생들은 게임 머니와 게임 아이디를 구매하면서 사기를 당하는 경우가 많다. 어른들이 생각하면 답답한 노릇이지만 청소년들은 어른만큼의 분별력이 없다. 그러니 제발 야단치지 않기를 바란다. 조곤조곤 교육하는 것이 필요하다.

직거래가 가장 좋은 방법이기는 하지만 현실적으로 한계가 있다. 지방에 거주하는 판매자가 대부분이고, 직거래를 한다 해도 남녀가 만나게 되면 위험한 일이 생길 수도 있다. 따라서 온라인상에서 거래를 할 때는 '안심거래'를 해야 한다. 하지만 이런 경우 비용을 판매자가 지불해야 하기 때문에 꺼리는 경우가 많다. 그래서 나는 '더 치트(www.thecheat.co.kr)'라는 사이트를 추천한다.

'더 치트'는 2006년 1월경 사이버 사기 피해를 당했던 한 여성이 자신과 똑같은 사기 피해를 방지하기 위해 이름, 아이디, 휴대폰 번호, 계좌번호 등 총 10가지의 정보를 조회하여 사기꾼인지 아닌지를 알려주는 사이트다. 더욱 획기적인 것은 모든 정보가 일반인들이 사기 피해를 당했거나 의심되는 판매자의 정보를 올려준 자료를 토대로 제공된다는 것이다. 이미 가입자 수가 100만 명이 넘었을 정도로 현재 가장 공신력 있는 사이버 사기 피해 예방 사이트다. 이 사이트의 운영자는 대한민국 사이버치안대상에서 경찰청장 감사장을 수상하기도 했다.

피해 학생으로부터 다시 연락이 왔다. '더 치트'에서 확인한 결과 자신 말고도 20명의 피해자가 더 있다고 했다. 그렇다면 건당 25만 원이라고 했을 때 20명의 피해 금액은 500만 원이나 된다. 고소는 물론 처벌이 불가피해 보였다. 기회가 된다면 사기 범죄를 저지른 친구를 만나보고 싶은 마음이다. 아마도 수줍음 많은 평범한 17살의 사내아이일 것이 분명하다. 아무리 돈이 필요해도 다시는 그런 범죄를 저지르면 안 된다고 이야기해주고 싶다.

" 대출받는 아이들

인터넷 도박에 손을 대고, 대출을 받고, 돌려막기까지 한다. 어른들의 이야기가 아니다. 현재 청소년들의 이야기다. 근래에 들어 대출을 받는 청소년들이 늘고 있다. 법적으로 신용이 전혀 없는 청소년이 어떻게 대출을 받는다는 것일까?

청소년 대출을 해주는 음성적인 사이트가 있는지 확인해 보니 생각보다 많았다. 특히 청소년에게 대출을 해주는 업체는 블로그나 카페 같은 회원가입형 페이지를 통해 운영되고 있었다. 아르바이트하는 청소년의 주머니를 노렸을 수도 있지만 그 정도로는 이유가 약하다. 경찰관으로서 내가 보는 시각은 당연히 업체가 청소년 명의로 된 대포통장과 대포폰을 만들기 위해서 돌려

받지도 못할 대출을 해줬을 것이라 생각한다. 다시 말해, 청소년의 담보는 그들 명의의 대포통장과 대포폰인 것이다.

학생이 중2일 때부터 알고 지내는 아이가 있는데 현재는 고1이다. 학생의 담임 선생님이 2년 전 상담을 요청하면서 처음 알게 되었다. 학생의 부모님은 형편도 괜찮았고, 다른 일반 가정처럼 평범했다. 담임 선생님은 학생이 수업시간에 매우 산만하고, 학교 안팎에서 담배를 피우며, 최근에는 불량해 보이는 고등학생 형들과도 어울린다는 이야기를 해주었다. 그래서 그때 이후로 지금까지 SNS 메신저를 통해 서로 연락하고 있던 사이다. 학생에게서 "저 좀 도와주세요"라는 문자가 오면 긴장모드다. 적어도 작은 일은 아니라는 일종의 암시다. 아무리 바빠도 무조건 대화해야 한다.

학생이 페이스북 메신저로 도움을 요청했다. 늘 불안한 모습들을 보여주었지만 그렇다고 사고를 치거나 다짜고짜 도와달라는 말을 한 적은 없다. 그런데 장문의 메시지를 보내왔다. 메시지의 요지는 '대출'이었다. 사이버 도박에 손을 댔고, 돈이 없어 아는 형 이름으로 대출을 받아 매월 20여만 원씩 갚아 나갔는데 오늘 이자를 내지 못해 어떻게 해야 할지 모르겠다고 했다. 오늘 이자를 내지 못하면 하루마다 대출금의 20% 가까이 연체료를 내야 한단다.

답답해서 통화를 했다. 먼저 지금 어떻게 지내고 있는지부터 물었더니 고등학교 올라와서 부모님과 싸우고 자취를 시작했다고 한다. 고등학교에 올라가자마자 담임 선생님의 권유로 대안학교를 추천받아 현재는 교육청 인가 대안학교를 다니는 중이란다. 부모님과의 사이는 나쁘지 않지만 이 이야기를 할 용기는 없다고 했다. 자존심도 상하고 무엇보다 나 스스로 잘하는 모습만 보이기로 약속해서 이런 이야기를 할 수 없단다.

"부모님께 말씀드려야 할 것 같구나."
"안 돼요."
"아냐, 해야 해."
"네가 힘들면 아저씨가 이야기해줄게."
"저한테 더 실망하실 거예요."
"실망하지 않으시도록 잘 설명할게. 일단 문제부터 해결하고 봐야지. 이대로 두면 대출금이 눈덩이처럼 커질 거야. 그때는 정말 부모님도 도와줄 수 없는 상황이 생길지도 모른다."
"다시 생각해보고 연락드릴게요."

다시 생각하겠다는 건 2가지다. 하나는 정말 부모님에게 이야기할지 말지를 고민해보겠다는 것이고, 또 다른 하나는 부모님이 아닌 자기 스스로 친구들이나 형들에게 돌려막기를 할 수 있는 기회가 있는지를 알아보겠다는 것이다. 그래서 전화를 끊기 전에 이 부분을 꼬집어 이야기해주었다.

학생은 스포츠 경기의 승패를 맞추고 점수를 맞추는 스포츠 불법 도박을 했다. 자신은 청소년이라 아는 형의 명의로 도박사이트에 가입한 것이다. 여러모로 아는 형님이 꽤 도움을 준다. 그렇다고 좋은 도움도 아니지만 말이다. 그러고 보면 잘못된 어른들의 구조와 너무나도 닮았다. 호기심으로 도박에 손을 대다가 돈은 잃게 된다. 잃은 돈이 아쉬워 도박으로 만회하기 위해 여기저기에서 돈을 빌린다. 빌린 돈을 갚을 여력이 없어 다시 대출을 받는다. 그렇게 대출한 돈을 갚지 못하면서 빚이 감당이 안 될 정도로 불어나기 시작한다. 도저히 빠져나올 수 없는 악순환이 시작되는 것이다. 다음 날 내가 먼저 학생에게 연락을 했다. 도저히 궁금해서 마냥 기다릴 수가 없었다.

"어떻게 됐어?"
"해결했어요."
"어떻게?"
"엄마한테 말씀드렸어요. 대신 갚아주면 아르바이트를 해서 꼭 갚겠다고 했어요."
"잘했다."

그런데 '정말 부모님에게 연락을 한 것일까?' 하는 의심이 들었다. 의심부터 하면 안 되지만 이건 경우가 다르다. 부모님에게 연락하지 않고 또 혼자서 돌려막기를 했다면 이건 문제를 해결한 것이 아니라 오히려 문제를 크게 만든 것이 된다. 보통 같으면 청소년을 믿는다. 하지만 이 경우는 다르다.

나는 학생이 다니고 있는 대안학교 선생님 중에 학생부장 선생님을 잘 알고 있었다. 그 학교에서 강의도 몇 번 했고, 청소년 업무를 하면서 몇 차례 도움을 받은 적도 있다. 학생부장 선생님에게 학생의 문제를 전했다. 학교에서도 꼭 한번 상담을 했으면 좋겠고, 어머님에게도 연락해서 학생 말이 사실인지도 꼭 확인해 달라고 부탁했다. 학생을 상담하고 나서 생각나는 몇몇 친구들이 떠올랐다. 상담을 요청하진 않았지만 페이스북에서 그 아이들에게 돈을 갚으라는 게시물과 댓글들을 본 기억이 났다. 오늘은 이 친구들을 만나봐야겠다.

눈에 띄는 신조어, 그루밍(Grooming)

'아동·청소년 성범죄 속 그루밍을 어떻게 볼 것인가?'

2017년 한국청소년정책연구원 홈페이지에서 눈에 띄는 신조어가 담긴 토론회 공지를 보았다. 수년간 청소년 업무를 하고 있는 나 자신에게도 '그루밍'이라는 단어는 매우 생소했다. 궁금한 정도를 따지면 꼭 토론회에 참석하고 싶은 마음이 컸지만 업무 때문에 그럴 수 없었다. 참석하지 못하는 아쉬움을 주최 측으로부터 받은 자료로 대신했다.

원래 그루밍은 동물들의 행동에서 유래한 단어다. 고양이, 토끼와 같은 동물들이 혀 또는 손발 등으로 자신의 털을 다듬는 행위를 가리켜 그루밍이라고 한다. 최근 들어 언론에서는 아동·청소년 성범죄 사건에 사용되는 범죄 수법의 하나를 그루밍이라는 단어로 대체하고 있다. 발달심리학에서 보면 아동·청소년은 사춘기 과정에서 기존의 관계를 부정하고 자신만의 영역을 인정해 주는 새로운 관계를 찾으려고 하는 시기라 정의한다. 사춘기를 맞은 청소년과 상실감을 겪는 아동이 이 시기를 겪게 되면 부모와의 관계를 멀리하고, 자기편을 들어 주는 사람을 찾게 된다. 그러다 보니 범죄자들은 이 틈을 노리고 아동·청소년에게 접근해 마치 조력자와 멘토 같은 역할을 자청하면서 친밀감과 신뢰를 형성한 후 자연스럽게 성적 요구에 응하도록 한다. 이것이 바로 그루밍이라는 범죄 수법이다.

지난 2013년 언론에서는 세간을 떠들썩하게 만들었던 '연예기획사 대표의 여중생 성폭행 사건'에 대한 최종 판결을 일제히 기사로 다루었다. 당시 사건이 충격적이었던 이유는 연예기획사 대표가 27살이나 어린 여중생과의 성관계를 두고 "우리는 서로 사랑하는 사이였다"고 말했기 때문이다. 당시 연예기획사 대표는 42살이었고, 여학생은 고작 15살이었다. 피해 학생 쪽에서 주장하는 정황을 보면 기획사 대표가 학생을 꼬드겨 가출하게 만들고 함께 동거까지 하는 과정에서 여중생이 임신까지 했었다고 주장했다. 여중생과 부모는 지금까지 연예기획사 대표에게 속아 강요에 의해 성관계를 가졌다고 뒤늦게 신고했다. 하지만 연예기획사 대표는 절대 강요는 없었고, 단지 우리는 서로 사랑하는 사이였다고 항변했다.

결국 판결은 무죄로 확정되었다. 관련 기사에 따르면, 대법원 2부는 아동·청소년의 성보호에 관한 법률 위반 등으로 기소된 연예기획사 대표에게 상고심에서 무죄를 선고한 원심판결을 확정했다. 1심에서는 징역 12년형, 2심에서는 9년형으로 연예기획사 대표의 성폭행 혐의를 인정했지만 결국 대법원에서 무죄 확정을 판결한 것이다.

무엇이 무죄의 결정적 증거가 되었을까? 재판에서는 여중생이 연예기획사 대표에게 보낸 '사랑한다'는 메시지와 친숙함을 뜻하는 이모티콘이 여러 차례 발견된 점, 그리고 피해자가 구속된 대표를 접견하면서 남긴 기록을 결정적 증거로 보았다. 다시 말해 강요에 의해 이루어진 것이 아니라는 뜻이다. 피해자와 검찰은 두려움 때문에 어쩔 수 없이 강요된 표현이라고 항변했지만 재판부는 그간의 서신과 접견 기록을 내세워 피해자의 진술이 사실로 받아들여지기 어렵다고 판결했다.

이번 사건이 아동·청소년 성폭력 범죄에 이용되는 그루밍 수법으로 의심되는 이유는 뭘까? 청소년과 아동을 대상으로 이루어진 많은 성범죄 사건들을 경험한 나로서는 '그루밍이라는 신조어가 우리 사회에 정착해버리면 어떡하지?'라는 고민을 하게 만든다. 그러면서 지금까지 경험했던 청소년과 성인 간의 강압적 또는 위계적 성범죄 사건들이 마치 쌩쌩 달리는 고속도로처럼 내 머릿속을 스쳐 지나갔다.

그 당시에 가출한 여학생의 어머니로부터 연락을 받은 적이 있다. 딸이 가출한 지 어느새 열 손가락이 모자랄 만큼의 횟수를 채울 정도로 오래됐다고 걱정하면서도 한편으로는 남편과의 불화로 수년째 각방을 쓰는 상황에서 딸아이의 마음도 온전치는 않았을 거라며 이해했다. 지금은 그저 연락만이라도 잘 받고 한 달에 한 번이라도 스스로 집에 들러주는 것만으로 고마운 상황이라고 했다. 그런데 어느 날 가출한 딸이 당당하게 집에 와서 29살 남자랑 사랑에 빠졌다고 말했단다. 그리고 지금 그 남자와 같은 방을 쓴다고 했다. 어머니의 태도는 우유부단하고 논리적이지도 못했다.

가출신고를 하라고 권유했더니 그렇게 되면 딸이 자기와의 연락을 끊고 잠적할지도 모른다며 가출신고는 절대 안 된다고 했다. 그러면서 그 남자와 떨어뜨려 달라고 요청했다. 그 남자와 분리를 시키려면 법적인 조치가 따라야 하고, 결국 가출신고를 해서 '실종아동등의 보호 및 지원에 관한 법률'에 따라 신고 의무자 위반 혐의로 현행범으로 체포할 수 있다고까지 말씀드렸다. 하지만 어머니는 무조건 가출신고는 안 된다는 논리만 늘어놓았다. 이후 가출한 여중생을 만났을 때 나에게 보였던 행동은 너무도 당당했다.

"우리는 사랑하는 사이예요."
'내 참….'

이 외에도 초등학생과 성관계를 나눴다는 초등학교 여교사 사건에서도 경찰 조사 당시 피해 학생이 "선생님은 아무런 잘못이 없다"는 진술을 한 적도 있다. 어찌 보면 그루밍이라는 형태는 아쉽게도 이미 우리 주변에 널리 퍼져 있다는 생각이 든다. 앞서 이야기한 그루밍 범죄 사례들을 통해서 알 수 있듯이 범죄의 종류에는 수법이 있는 범죄와 수법이 없는 범죄로 나눌 수 있다.

수법이 없는 범죄란, 결국 우발적이고 즉흥적인 성격을 띠며 동정을 유발하는 그럴싸한 이유를 가지고 있다. 그래서 처벌 또한 그리 무겁지 않다. 반대로 수법이 있는 범죄는 무엇보다 계획적이고 고의적이다. 중요한 것은 수법이 있는 범죄가 피해 당사자를 무기력하게 만든다는 것이다. 판사들이 이런 범죄를 통상 "죄질이 불량하여…"라고 표현하는데 바로 이러한 이유 때문이다. 그러나 더 염려스러운 점은 그루밍이라는 신조어가 이미 정착되고 있다는 것이다. 신조어가 생겼다는 것은 우리 사회의 악을 구성하는 '요소'가 또 출현했다는 의미를 뜻하기도 한다. 신조어가 자칫 범죄자들의 범행 단계에서 '착안'이 될 수도 있다는 점이 더욱 고민스럽게 만든다.

그루밍 범죄 사례를 살펴보면 일종의 '감정 전이'라는 심리를 악용한다. '감정 전이'란 어떤 대상에 대한 감정이 그와 관련된 것에까지 옮겨지는 현상으로, 어떤 사람에게 긍정적인 감정을 가지게 되면 그 사람과 관련된 모든 것이 긍정적으로 여겨지는 심리적 현상을 말한다. '그루밍을 완성시키기 위한 수단으로 이 감

정 전이라는 현상을 이용해서 추악한 범죄를 저지를 수 있겠다'
는 걱정도 생긴다. 특히 감정 전이는 나이가 어릴수록 쉽게 나타
난다. 자신의 감정을 정확히 읽지 못하는 아동·청소년에게 이러
한 감정 전이가 많이 일어나는 것을 보면 그루밍과 같은 범주라
는 생각이 든다.

　결국 교육이 답이다. '모르는 사람을 따라가지 말고 친절하게
대해준다고 믿으면 안 된다'는 단순한 주입식 설명만으로는 부족
하다. 하지만 마냥 부정적인 요소만 있는 것은 아니다. 아동·청
소년을 대상으로 자행되는 성범죄 수법의 선례들이 범죄의 실체
적 진실을 파헤치는 데 매우 중요한 역할을 할 가능성도 크다. 그
루밍은 아직 범죄 수단으로써 고유한 판례가 없지만 앞으로는 못
된 사람들에게 그들의 행동을 정당화하지 못하도록 만드는 역할
을 할 것이라 믿는다.

비접촉이 불러온 '사이버 트러블'

　요즘 비정상 '접촉'으로 인해 세상이 시끄럽다. 원래 접촉이라는 행위는 인류 역사에 있어서 매우 중요한 역할을 해왔다. 무엇보다 접촉은 사람과 사람을 이어주는 감성적 소통을 대변해왔고, 국가와 국가 간에서도 외교적 신뢰를 상징하는 의미로 작용해왔다. 그리고 사랑에 있어서도 이 접촉은 심오한 의미였다. 이는 따뜻하고 튼튼하고 또 서로가 필요하다는 것을 확인하는 마음의 언어였다. 이처럼 접촉은 고귀한 것이었고, 순수한 것이었다.

　그러했던 접촉의 의미가 지금은 낯설게 변해버렸다. 사전적인 뜻에 또 다른 의미를 한 줄 추가시켰고, 사회적으로도 적절하지 못하고 이해하지 못하는 차이를 대변하는 '불편한 단어'가 되어버렸다. 안타깝지만 단어가 한 시대를 반영하는 거울이라는 점을 감안하면 순응할 수밖에 없다. 그동안 접촉이 고귀하고 순수했던 이유는 지금까지 좋은 의미로서 영향력이 있었기 때문이다. 사람이 사람과 접촉한다는 것은 단순히 스치는 것과 만지는 행위를 뛰어넘어 그 이상의 교감에서 쏟아져 나오는 인문적인 강렬한 의사소통이 작용하는 것을 의미한다.

누군가를 보고 있다는 것은 '시각적 접촉'에 해당하고, 누군가로부터 이야기를 듣는 것은 '청각적 접촉'에 해당한다. 조금 더 넓은 의미에서 보면 서로가 같은 공기를 마시면서 마주하고 있는 그 자체만으로 가까운 접촉을 하고 있다는 것을 뜻한다. 이러한 포괄적 접촉은 우리로 하여금 서로의 감수성을 읽을 수 있는 동물적 감각을 가지게 만들었다. 아무리 감정을 숨기려 애를 쓴다 해도 그것조차 느낄 수 있기 때문에 우리는 상대를 마주하는 데 있어서 감정을 완벽하게 숨길 수 없다. 그래서 접촉하는 순간에는 무의식적으로 상대를 신경 쓰고, 최대한 예의와 배려를 갖추려고 노력한다. 물론 싸움, 욕설, 비난, 시기, 원망 등 그렇지 못한 접촉도 있다.

최근 학계에서 디지털 역기능이라는 개념이 등장하면서 '사이버 폭력'이 큰 이슈가 되고 있다. 전 세계적으로 청소년의 스마트폰 보유율이 90%에 달했고, 초등학생의 스마트폰 보유율도 50%를 넘어섰다. 수치로 보면 대한민국 청소년은 평균적으로 매일 2시간 이상은 스마트폰 세상에서 살고 있다. 하루 평균 2시간은 결코 적은 시간이 아니다. 그만큼 대한민국 청소년들은 다른 어느 나라보다 스마트폰이라는 '비접촉 세상'에 일찍 발을 들여놓았고, 그 비접촉 세상에서 또 다른 삶을 보내고 있다. 마치 스마트폰만 있으면 '내 삶은 최고다'라는 표정을 간직한 채 말이다.

사이버 공간에서의 호흡과 행동은 청소년들에게 어떤 영향을 미칠까? 청소년 못지않게 스마트폰을 상시 사용하고 있는 나로서도 사실 오류를 범하는 행동들을 스스로 발견할 때가 있다. 그럴 때면 "대체 청소년들은 어떨까?"라는 즉흥적인 질문을 하게 된다.

사이버 공간은 접촉이 없는 공간이다. 접촉이 없으면 어떤 현상들이 발생할까? 나는 그 연결점으로 '학교폭력'이나 '소년법'과 같은 청소년들의 비행과 범죄 행동으로 관련지어 봤다. 그 이유는 사이버 공간은 접촉이 없는 공간이기 때문에 상대를 향한 기본적인 소양이 필요 없다는 착각에 빠지기 쉽다는 것을 알았기 때문이다. 어떨 때는 사이버 공간이 '윤리와 규범은 찾으려고 해도 찾아볼 수도 없는 무법지대'와 같다는 생각이 들 때가 많다. 지금의 법은 청소년들의 수준을 이해하지 못하고 있다. 우리가 많은 법을 알고 염두에 두고 있지만 현재 법의 영향력이 이 비접촉 공간이라는 사이버 공간에서 제 역할을 다하지 못하고 있다는 것은 분명한 사실이다. 제 역할을 하고 있다면 청소년들의 언어폭력, 명예훼손, 모욕, 명의도용, 성희롱 등 수많은 잘못된 행위들이 사이버 공간으로 집결되지는 않았을 것이다. 대부분의 청소년은 정보통신망법을 알지도 못하고 알려고 하지도 않는다. 그나마 조금 안다고 힘을 주는 친구는 대부분 법을 위반했거나 피해를 입었던 청소년으로, '이렇게 하면 잘못된 것이더라. 그래서 정보통신망법이라는 법에 걸리더라'는 고작 이 정도 반응일 뿐이다.

접촉과 비접촉은 어떤 차이가 있을까? 예를 들면 이렇다. 접촉의 공간에서 서로를 마주하면 원하지 않더라도 스스로 최소한의 윤리의식을 갖게 된다. 그래서 분노가 치밀고 화가 나더라도 지금까지 학습된 도덕적 가치관 때문에 참고 견딘다. 하지만 똑같은 상황에서 비접촉 공간은 다르다. 상대의 실물이 내 앞에 존재하지 않기 때문에 그를 향한 분노를 참을 필요가 없다. 충동적이기 딱 좋은 환경이다. 실물의 부재는 현실에서 발휘하지 못했던 용기를 쉽게 허락할 수 있는 기회를 만들어 준다. 특히 청소년들은 사이버 공간에서 더욱 용감해진다. 그들의 사이버 활동을 보고 있으면 마치 투구를 쓴 전사의 모습을 닮았다. 오죽하면 '키보드 워리어'라는 말이 나왔을까.

이렇듯 접촉과 비접촉의 차이가 청소년 사이버 트러블을 만든다. 갈수록 이러한 현상은 더욱 심각해질 것이다. 우리가 사이버 공간을 만들고 이를 허락했을 때는 당연히 이러한 상황까지도 우려했어야 한다. 하지만 당시 법은 사람들이 관계를 형성하는 데 있어서 순수한 역할만을 기대해 법안을 만들었을 것이고, 설령 그렇지 않더라도 나중에 더 강한 법과 규범을 만들면 된다며 안심했을지도 모른다. 그런데 큰일이다. 이미 사이버 공간은 위험 수위를 넘겼다. 지금까지 보여준 청소년 트러블보다 앞으로 다가올 '트러블'이 솔직히 더 걱정이다. 그렇다고 걱정만 하고 있을 수는 없다. 지금부터라도 타개책을 모색해야 한다.

청소년들의 삐뚤어진 돈거래

청소년의 '사이버 도박'은 학교폭력에 해당하는 범죄는 아니다. 그래서 그동안 청소년들에게 도박이라는 불법 돈내기 게임의 행태가 너무나 죄의식 없이 이루어지고 있었음에도 불구하고 많은 사람들이 관심을 갖지 않았던 이유도 바로 이 때문이다. 하지만 우리가 주목해야 할 것은 현재 청소년의 사이버 도박이 학교폭력을 유발하는 매우 큰 원인이 되고 있으며, 또한 소년범죄와 더불어 자살 충동을 일으키는 매우 위험한 '행위적 약물'이 되고 있다는 사실에 주목해야 한다. 지금도 일부 청소년들은 사이버 도박을 하고 있으며, 그중 심한 청소년들은 중독된 상태에서 보호받지 못한 채 방치되고 있다. 어떤 학자는 사이버 도박을 가리켜 '마약'에 비유할 정도로 중독성과 범죄 귀인성이 매우 높다고 경고한 바 있다. 나 역시 매우 공감하는 부분이다.

불법 도박과 관련해 언론을 떠들썩하게 만들었던 사건들은 많았다. 그중 2011년의 '김제 마늘밭 사건'은 천문학적인 돈뭉치가 마늘밭에 묻혀 있다는 것이 발견되자 당시 언론에서 서로 앞다투어 이러한 사실을 세상에 공개하기 시작했다. 당시 이 사건을 수사했던 충남지방경찰청 사이버수사대에 따르면, 당시 마늘밭에는 5만 원권 지폐로 무려 110억 7,800만 원어치의 돈뭉치가 비닐에 담겨 있었고, 수사 결과 돈 주인은 다름 아닌 불법 인터넷 도박 운영자의 수익금으로 밝혀졌다. 특히 마늘밭에 묻힌 현금 외에 이미 사용한 수익금을 합치면 그 금액은 160억에 이른다는 발표가 나와 더 큰 충격을 주었다.

그렇다면 청소년들의 사이버 도박 형태는 지금 어떤 모습을 하고 있을까? 한국 청소년 상담복지개발원에 따르면 2016년 처음으로 위기 청소년을 선별하는 설문 항목에서 사이버 도박의 경험 유무를 묻는 항목이 새로 추가되었다. 이러한 사실은 사이버 도박이 청소년들에게 심각한 위기 요인 중 하나라는 것을 입증하는 것이다. 일반 학생과 위기 취약학생을 대상으로 설문한 결과 사이버 도박이 가해 빈도율에서 음주, 갈취, 폭력, 일반범죄, 가출의 빈도율보다 더 높게 나타났다. 특히 위기 취약학생 대상으로는 스마트폰 중독보다 사이버 도박의 비율이 더 높게 나타나 사이버 도박이 청소년들에게 얼마나 큰 위기 요인이 되는지를 반

증해주고 있다.

나는 SNS를 통해 사이버 도박을 즐겨 하는 청소년들을 만날 수 있었는데, 그중에 지금까지 사이버 도박을 해서 5천만 원을 탕진한 친구와 대화를 나눌 수 있었다. 대략 3년 전 범죄예방 강연을 하러 갔었던 대안학교 2학년 학생이었고, 이후 관심을 가지고 연락하다가 고등학교 졸업 후에는 연락이 없던 친구였다. 그러다 내가 올린 SNS 게시글을 보고 '청소년들에게 사이버 도박을 근절하는 데 조금이라도 도움이 되고 싶다'며 연락해온 것이다. 좀 더 자세한 내용을 알고 싶어 그 친구와 통화를 시도했다. 그 친구는 마침 공익근무를 마치고 난 이후라 통화가 가능했다.

"저는 고등학교 2학년 때부터 사이버 도박을 시작했어요. 당시에는 승부 방식의 게임이 유행이었던 탓에 가지고 있던 용돈으로 도박을 시작하다가 점차 배팅액이 커지면서 도박을 위한 아르바이트를 하게 됐어요. 그러다 결국 아르바이트와 도박을 병행하는 생활을 하게 되었어요. 고등학교 3학년이 되면서 실시간 도박 게임으로 갈아탔는데 실시간 게임의 특징이 짧게는 불과 1분, 길게는 5분마다 게임이 끝나기 때문에 빠른 시간에 도박을 여러 번 할 수 있어서 저도 모르게 많은 돈을 탕진했어요. 고등학교를 졸업하고 입대하기 전까지는 카지노 게임에도 손을 대면서 결국 3년 동안 총 5천만 원가량을 탕진했어요. 지금도 그렇겠지만 제가 도박하던 당시에는 친구들 대부분이 사이버 도박을 즐겨 했어요.

친구들에게 도박은 어쩌다 하는 특별하고 조심스러운 것이 아닌 생각나면 언제든 할 수 있는 일상생활 같은 가벼움이었죠. 다시는 저와 같은 청소년이 나오지 않기를 바랍니다."

그 친구의 이야기는 청소년들의 사이버 도박을 이해하는 데 큰 도움이 되었다. 청소년에게 사이버 도박은 접근할 수 있는 방식이 너무 수월하다는 허점을 지니고 있다. 한 학생이 도박을 하게 되면 그 무리의 친구들도 대부분 도박을 하게 되고, 그 친구들은 또 다른 친구에게 도박을 홍보해서 퍼져나간다. 심지어는 추천인을 받으면 수당까지 받을 수 있어 수당을 챙기려는 목적으로 친구들에게 접근해 도박을 하도록 유도하는 친구들도 많다.

청소년들은 어떻게 도박자금을 마련할까?

사이버 도박에서는 성인인증을 할 필요가 없다. 정확한 이름도 필요하지 않다. 가명을 올려도 회원가입은 가능하다. 사이트 가입에서 중요한 것은 충전과 환급을 위한 은행계좌와 가입자의 실제 연락처만 있으면 되기 때문에 초등학생들도 마음만 먹으면 사이버 도박을 할 수 있는 것이 지금의 시스템이다. 그리고 회원가입 당시 입력한 청소년의 연락처는 다른 도박 사이트 업주에게 전달되어 더 많은 유혹을 부추긴다. 그래서 도박을 1번이라도 했던 청소년이라면 굳이 다른 도박게임을 찾을 번거로움도 없이 쉽게 도박 사이트를 찾을 수 있다. 도박의 초기 단계에서는 자금이 많이 들어가지 않기 때문에 부모님으로부터 받은 용돈으로 시작한다. 하지만 게임을 하면 할수록 손실은 커져가고 결국 용돈으로는 부족해서 도박을 위해 아르바이트를 시작한다. 이것으로 끝이면 다행이지만 정말 심각한 문제는 그다음부터다.

도박으로 빚진 돈을 만회하기 위해 자금을 친구에게 빌리기 시작하고, 그러다가 돈을 빌려주지 않는다고 하면 스스로 '고이자'를 제안하며 무리하게 돈을 빌린다. 그것으로도 부족하면 일부 청소년들은 마치 자신이 사건을 저지른 것처럼 부모님을 속여 합의금을 받아 도박자금으로 사용하는 경우도 있다. 말 그대로 친구들끼리 짜고 부모를 속여 돈을 빼내는 식이다. 심지어는 도박자금을 마련하기 위해 학교폭력은 물론 절도와 사기를 서슴지 않고 저지르는 매우 위험천만한 청소년도 있다. 결국 도박은 도박으로 끝나는 것이 아니라 돈을 갚지 못해 빚어지는 폭력과 협박 그리고 강력범죄의 유혹과 같은 더 큰 위험 속으로 빠져들 수밖에 없는 구조를 가지고 있다.

청소년들이 인터넷상에서 또는 스마트폰에서 도박을 한다는 이야기는 사실 2~3년 전부터 나왔지만 당시에는 그들이 할 수 있는 사이버 도박이라고 해봐야 PC 버전의 스포츠 게임밖에 없었다. 게다가 성인인증 절차가 있어 쉽게 할 수 없었다. 하지만 사이버 도박의 접근경로가 PC 버전에서 스마트폰으로 이동하면서 청소년들이 접근하기 쉬운 환경이 되었다. 또한 기업화된 불법 도박 업체들이 청소년들을 겨냥한 맞춤형 게임방식들을 개발함에 따라 형태 또한 매우 단순하고 신속해졌다. 게다가 배당의 가능성을 높인 도박게임을 계속 출시하면서 그 진화 속도가 매우 빨라졌다.

어느 날 늦은 밤, 한 학생의 어머니로부터 전화가 왔다. 새벽 시간에 전화한다는 것은 무슨 사건이 있지 않고서야 쉬이 할 수 없는 행동이다. 어머니는 누구의 학부모인지도 밝히지 않은 채 다짜고짜 내게 묻기 시작했다.

"경찰관님 되시죠? 제 아들에게 45만 원을 갚으라며 아이들이 지금 집까지 찾아왔는데 어떻게 하죠?"

"학생들이 찾아왔다는 건가요?"

"네, 지금 밖에 있는데 어떻게 해야 하나요?"

"일단 112에 신고를 해서 돌려보내시고 내일 아드님이랑 상담을 해야 할 것 같습니다."

전화 온 어머니의 아들은 내가 담당하고 있던 학교의 학생이었다. 학생은 새 학기가 시작되면서 학급 친구들이 사이버 도박을 하는 것을 보고 호기심에 게임을 시작했다. 당시 가장 인기 있던 게임은 홀짝이라는 방식으로 50%의 고승률이 보장되는 게임이었다.

처음에는 어머니로부터 받는 용돈으로 2~3일에 1회 정도 1만 원가량 배팅했고, 이후 게임을 시작한 지 일주일 만에 50만 원이라는 꽤 높은 배당금을 받으면서 도박에 재미를 붙인 것이다. 높은 배당금을 받은 이후 학생은 짜릿한 승리감과 친구들에게 자랑할 수 있는 자존감까지 얻은 상황이기 때문에 더 많은 배당금을 받기 위해 배팅 금액을 10배까지 올려 게임을 한다. 결국 도박을 시작한 지 한 달 만에 배당금 전부를 탕진하고, 친구들에게 고이자를 제안해서 돈을 빌리는 상황으로 바뀌었던 것이다.

사이버 도박으로 빚어진 여러 사안 중에 최근 심각한 문제로 떠오르고 있는 것이 바로 청소년들의 '삐뚤어진 돈거래'다. 청소년들의 돈거래는 어른들처럼 약정서를 쓰거나 각서를 쓰지 않는다. 그렇다고 정확한 계산법이 있는 것도 아니다. 그냥 단순하다. 학생은 가지고 있던 용돈을 모두 잃고 도박을 못 하게 되면 친구나 선후배를 찾아가 10만 원을 빌린다. 일주일 후에 15만 원을 주겠다고 본인 스스로 고이자를 부르고, 친구들은 높은 이자 때문에 돈을 빌려주게 된다. 일주일이 지난 후 돈을 빌린 학생은 돈을 갚지 못하는 상황이 되자 다시 스스로 기간을 연장해 2주 후에 20만 원을 갚겠다고 제안한다. 그렇게 한 달이 지나고 결국 갚아야 할 돈이 45만 원에 이르게 되면 갚을 능력이 없으니 돈을 빌린 친구로부터 도망을 다니게 되고, 돈을 빌려준 학생은 돈을 받기 위해 또래 친구나 선배를 동원해 학생의 집까지 찾아가 돈을 갚으라고 요구하게 되는 것이다. 보통 부모들의 상담 전화를 받아보면 도박에 대한 상담은 거의 없다. 최근 가장 많은 부분을 차지했던 상담 주제는 '돈거래'였다. 그도 그럴 것이 부모는 자녀가 도박을 하고 있다는 것을 알 수가 없다. 부모가 TV를 보는 시간에 자녀는 자신의 방에서 도박을 하고 있을지도 모른다.

나는 돈거래와 관련된 상담이 많아지면서 학교를 대상으로 '이자제한법' 관련 범죄예방 포스터를 제작해서 붙인 적이 있다. 쉽게 말해 고이자로 돈거래를 하면 이자제한법으로 처벌을 받는다고 알렸다. 그뿐만 아니라 SNS를 통해 이자제한법과 관련한 콘텐츠를 만들어 청소년들을 대상으로 홍보까지 했다. 보통은 범죄예방 콘텐츠라고 하면 청소년들에게 인기가 없는 콘텐츠라 반응이 별로 없다. 그런데 이자제한법은 달랐다. 콘텐츠를 본 청소년들은 나의 게시물을 공유했고, 100명이 넘는 청소년들이 '좋아요'와 댓글을 달면서 관심을 보이는 것을 보고 놀랐다. 이것은 무엇을 의미하는 걸까? 그렇다. 이자제한법과 관련한 고이자의 돈거래가 청소년들에게 이미 만연되어 있다는 것이다.

얼마 전 언론 매체를 통해 도박 빚을 갚기 위해 절도를 한 청소년들의 이야기가 실린 적이 있었다. 언론에서는 이러한 사건들을 이례적이라고 표현했지만 정작 나에게는 그리 이례적이지 않았다. 그만큼 지금 청소년에게 사이버 도박으로 인한 범죄가 새삼스러운 것이 아니라 상처가 곪고 곪아 언제 터질지 모르는 '악성' 상태가 되었다는 것을 의미한다.

한번은 청소년들에게 "학교폭력을 없애려면 어떻게 해야 될까요?"라고 물은 적이 있었다. 그랬더니 많은 대답이 쏟아져 나왔다. 그중에 재미있었던 대답은 '학교를 없애는 것'이었다. 그러면서도 '휴대폰은 절대로 없애서는 안 된다'고 우겨댔다.

우리는 심각하게 고민해야 한다. 과연 어떻게 하면 청소년들의 사이버 도박을 예방하고 근절할 수 있을까? 청소년에게 사이버 도박은 자칫 그들의 아름다운 미래까지 송두리째 빼앗아갈 수 있는 매우 위험한 중독이 될 수 있다. 이제부터라도 우리는 청소년들의 사이버 도박을 근절할 수 있는 실질적인 의견을 모아야 할 때다. 이를 위해서는 크게 3가지가 요구된다.

첫 번째는 '사회적인 관심'이다. 자녀에 대한 부모의 관심은 절대적이어야 하며, 학교와 청소년을 보호하는 관련 종사자들은 선택과 집중에 있어서 사이버 도박을 예방하는 것이 최우선의 선택이 되어 이를 해결하기 위해 집중해야 한다.

두 번째는 '안전장치'다. 즉 청소년들이 사이버 도박 사이트에 접근하는 방식을 차단하는 장치를 마련해야 한다. 이 장치는 매우 복잡해야 하며, 까다로워야 한다. 지금처럼 청소년들의 가입을 조장하는 허술한 장치를 허용해서는 안 된다. 안전장치를 위해 운영자들에 대한 처벌을 강화하고 청소년에게 사이버 도박이 무서운 범죄라는 것을 인식시킬 수 있도록 청소년 보호와 관련한

법 기준을 새롭게 마련할 필요가 있다. 분명한 것은 사이버 도박이 담배와 음주 그리고 향정신성 약품보다 더 무서운 '중독'이 될 수 있다는 것을 다 같이 공감하고 사회적 분위기를 형성하는 것이 무엇보다 중요하다.

마지막으로 '교육'이다. 사이버 도박을 비롯해 사이버 범죄와 관련한 예방 교육이 학교 안팎에서 필수적으로 이루어져야 한다. 현재 학교에서 성범죄 교육과 학교폭력 예방 교육을 의무적으로 실시하고 있는 것처럼 사이버 도박도 이제는 의무적으로 교육을 실시해야 할 것이다.

우리 속담에 '호랑이 아비에 개 아들 없다'고 했다. 학교전담경찰관으로서 오랜 시간 동안 수많은 위기 청소년을 만나면서 그들의 가정을 들여다보고, 같이 밥을 먹으며, 눈물과 웃음을 보았다. 그들의 공통점은 언제나 똑같았다. 비뚤어진 가정과 주위에 편견으로 가득 찬 시선, 그리고 누구도 도와주지 않은 채 늘 비난하기만 했던 사회의 모습들이다. 이제부터라도 우리 모두가 '호랑이 아비'가 되도록 노력해야 한다.

나는 사이버 도박을 했던 청소년과 지금도 하고 있는 청소년을 만나면서 그들 내면에는 언제나 학교폭력과 기타 소년범죄를 저지를 수 있는 잠재적 위기 요인이 다분하다는 것을 알게 되었다. 모두가 그런 것은 아니지만 공교롭게도 사이버 도박을 하고 있는 청소년들은 대부분 학교 선도위원회에서 징계를 받았거나 또는 학교폭력대책자치위원회에서 가해 학생 조치를 받은 학생들이었다. 물론 소년범죄 전과가 있는 친구들도 있었다. 이제 사이버 도박에 대한 관심은 '선택'이 아니라 '필수'다. 또 다른 범죄로 진화하는 것을 막기 위해서라도 지금 우리는 청소년의 사이버 도박에 주목해야 한다. 며칠 전 또 하나의 문자가 왔다.

"경위님, 아들이 도박을 한 것 같습니다. 친구한테 빌린 돈이 너무 많은데 좀 이상해서요."
"제가 학교에서 만나 상담하겠습니다."

악플에 대처하는 가장 현명한 방법

말씀 언(言)에 아닐 비(非)를 더하면 '헐뜯을 비(誹)'가 된다. 지난 2016년 한 해를 갈무리하면서 스스로 올해의 한자를 꼽았을 때 '비(誹)'라는 한자를 택하는 데 주저함이 없었다. 헐뜯을 비, 요즘 말로 하면 '악플'이다.

2016년은 '학교폭력 피해 경험률'에 있어서 경이적인 기록을 경신한 한 해였다. 경찰은 물론 학교와 유관기관들이 힘을 모아 노력한 덕분에 2012년 14%대였던 학교폭력 피해 경험률이 무려 전국 평균 0.8%라는 놀라운 성과를 거둔 것이다. 다시 말해 학교폭력으로부터 피해를 당한 경험이 있는 청소년이 100명 중 1명밖에 안 된다는 결과를 말한다. 겉으로 보면 잔치를 벌여도 충분한 수치다. 잔치까지는 아니더라도 그동안 학교폭력을 위해 묵묵히 신독(愼獨)의 자세로 최선을 다했던 각 기관의 공동성과라고 볼 수 있다. 하지만 마냥 기뻐하기에는 이르다. 학교폭력 예방 업무를 담당하고 있는 경찰의 시각에서 보자면 겉살은 탱탱하고 단단한 껍질로 여물어 보이지만 실상 그 속살을 들여다보면 학교폭력의 형태가 또 다른 변화의 그래프를 그리고 있는 것을 볼 수 있다. 바로 '사이버 폭력'이다.

이제는 실생활에 있어서 완전 필수품이 되어버린, 없으면 중독 현상까지도 가져온다는 스마트폰 사용이 확산됨에 따라 학교폭력은 또 다른 범죄형태의 중심으로 자리 잡고 있다. 더구나 스마트폰 사용자 중에는 청소년층의 사용률이 거의 80%를 웃돈다는 것도 인과관계가 만들어진다. 현재 모바일을 통해 전달되는 언어와 행동이 인간 심리에까지 영향을 미치는 것을 보면 '사이버 폭력'의 이슈는 이미 시작지점을 벗어나 어느새 꼭짓점으로 치닫고 있는 모양새다. 범죄의 형태가 오프라인에서 온라인으로 진화하고 있는 것처럼 학교폭력 또한 오프라인에서는 사라져 가고 이제는 얼굴 없는 온라인으로 정착한 상황이다. 어떻게 보면 온라인이라는 가상 세계가 무법천지가 되었다는 것도 그리 과한 표현은 아니다.

그중에서도 몇 년 전부터 부쩍 증가하고 있는 '사이버 성범죄'는 현재 가장 골칫거리가 되었다. 스마트폰에 SNS 메신저들이 등장하면서 서서히 범죄의 움직임이 나타나기 시작하다 본격적으로는 메신저가 활성화된 시점부터 사이버 폭력은 학교폭력의 주연으로 자리 잡게 되었다. 사이버 폭력의 흐름 또한 '사이버 언어 폭력'에서 '사이버 따돌림'으로 유행하다가 이제는 '사이버 성범죄'가 심각한 학교폭력의 유형이 되어버렸다. 이 3가지 유형은 청소년을 자녀로 두고 있는 학부모들이 반드시 알아야 할 과제들이다. 예를 들어, 중·고등학생의 경우 활동하고 있는 페이스북을 보면 그들이 올리는 타임라인이나 댓글에서 욕설과 속어는 기본이다. 게다가 학년별, 성별, 학교유형별 등 계층별로 정도의 차이는 있겠지만 심한 경우에는 친구와의 대화에서도 입에 담기 힘든 심한 욕설이 페이스북에서는 멀쩡한 문장이 되어버린다. 거기에 콘텐츠를 덧붙여 사진과 영상까지 삽입하면 그야말로 점입가경이라는 말이 절로 나온다. 모바일 메신저와 같은 둘과의 대화에서는 말할 것도 없다.

초등학생의 경우는 더욱 심각하다. 중2병을 몰아내고 '초4병'이라는 신조어가 나올 정도로 학교폭력의 나이 또한 현저하게 낮아진 상태다. 피해 학생의 기준에서 보자면 중·고등학생들은 사이버 폭력을 당하더라도 버틸 수 있는 저항력이 높지만 초등학생의 경우에는 사이버 폭력을 당했을 때 저항하거나 이겨낼 수 있는 '힘'이 매우 부족하다. 즉 고등학생이 아프다면 초등학생은 죽고 싶을 만큼 아프다는 뜻이다. 학부모들에게 여쭙고 싶다.

"우리 아이의 스마트폰에서 무슨 이야기가 진행되고 있는지 혹시 알고 계시나요?”

그럼 학부모들도 내게 물을 것이다.

“요즘 애들 보시면 아시겠지만 자기 스마트폰을 보여 달라는 것만으로도 전쟁을 선포하는 거나 다름없는 마당에… 대체 어떻게 하면 알 수 있는 건가요?”

이것은 함께 공유해서 풀어봐야 할 문제다. 현실에서 폭력을 당하면 병원에 가면 되지만, 사이버 폭력을 당하면 죽음으로 이어질 수도 있다. 너무 과장처럼 보이지만 분명한 사실이다. 왜 사이버 폭력이 무서운 범죄가 되었을까? 왜 사이버 폭력을 당한 학생들의 자살률이 높을까? 그것은 컨트롤이 잘 안 되는 청소년들의 심리에 있다. 피해를 당하면 아이는 마치 심리를 쥐어짜고 잡아 흔드는 듯한 무서운 피해 현상을 동반한다. 게다가 쉽게 노출되지 않다 보니 중간에 발견되는 부분이 생략되어 온전히 아이 혼자서 무거운 두려움을 짊어질 수밖에 없다. 그래서 결국 아이가 벼랑 끝으로 몰린 후에야 부모는 알게 된다.

이것에 대한 후유증도 심각하다. 그야말로 우리 아이들은 짧은 시간에 회복될 수 없는 중병에 걸리게 되는 셈이다. 지극히 체계적인 심리치료를 거쳐야 하고 환경적인 변화와 부모의 인식 변화는 물론 그에 따른 외형적인 행동의 변화도 요구할 정도로 무서운 증상이 생기는 것이 바로 사이버 폭력이다. 따라서 치료를 거치고 다시 치유를 거쳐야 한다.

대부분의 교육자가 말하는 대처방법은 정해져 있다. 아이들에게 스마트폰과 PC 사용시간을 규제하는 것이다. 특히 스마트폰 사용에 있어서 사이버 폭력의 유형과 최근 문제가 되고 있는 이슈들을 공유함으로써 미연에 우리 자녀가 피해를 당하지 않도록 예방 교육을 해야 한다는 것은 늘 이야기하는 부분이다. 하지만 나는 조금 다르게 접근하고 싶다. 앞선 대처방법보다 부모와 자녀의 관계 형성이 얼마나 중요한가를 강조하고 싶은 것이다. 그런 의미에서 살펴보면, 우선 '아이와의 소통'이 가장 중요하다. 아이와의 소통은 하루아침에 되는 것이 아니다. 우리 아이들은 이야기하는 것을 좋아하지만 그 상대가 부모는 아니다. 그 이유는 단지 대화가 재미없기 때문이다. 따라서 아이와 재미있는 대화를 해야 한다. 그것이 우선 과제다.

다음은 '진정성 있는 공감대'다. 유쾌한 대화로 아이와 부모가 진정성 있는 신뢰를 쌓고 나면 그다음은 아이와 정직한 공감대를 형성해야 한다. 아이들이 가장 듣기 싫어하는 말이 바로 "아빠, 엄마도 다 사춘기를 겪어 봤어"라는 말이다. 부모들은 아이들에게 "그러니 유별나게 굴지 말라"고 무시부터 하면 안 된다. 지금 아이들의 사춘기와 부모 세대의 사춘기는 질적으로 차이가 크다. 감히 부모님들께 말씀드리건대 '아는 체'하시면 안 된다.

끝으로 가장 중요한 대목은 바로 '아이의 이야기를 들어주는 것'이다. 들어준다는 것이 쉬워 보이지만 사실 그렇지 않다. 우리 아이가 이야기를 조금 할라치면 대뜸 부모가 끼어들어 아이의 이 야기를 끊어버린다. 아니면 먼저 앞서서 이야기를 주도해나간다. 결국 이야기를 들어주는 것이 아니라 한참 동안 부모가 이야기를 하고 있는 모양새가 되어버린다. 아이의 이야기에 관심을 기울이고, 눈을 맞춰 집중하며, 추임새를 넣어주고, 함께 공감해주는 것이 진정한 경청이다.

분명히 말하지만 부모가 아이의 이야기를 들어주는 가정에는 학교폭력이 없다. 당연히 사이버 폭력도 없다. 이건 공식이라고 보면 된다. 이야기를 들어주는 부모가 있다면 아이는 문제가 생 겼을 때 부모에게 이야기를 안 할 수가 없다. 피해를 당하는 학생 들의 배경에는 부모와의 불통이 지배적이다.

"그러니 부모님들! 제발 아이의 이야기를 경청해주세요."

빌려준 돈은 받을 수 없다는 진리

청소년들 사이에서 돈을 빌리고 빌려주는 사례가 얼마나 될까? 많은 것은 아니지만 그래도 10건 중에 1건 정도는 아이들의 채무 변제 관련 상담이다.

"돈을 빌려줬는데 아직 못 받았어요."

청소년들은 왜 돈을 빌릴까?

당장 떠오르는 것만 해도 여러 이유가 있다.

첫 번째 이유는 이성 교제다. 데이트 비용도 필요하고, 여자 친구나 남자 친구에게 선물도 사주고 싶은데 용돈은 한정되어 있다. 그렇다고 부모님께 용돈을 더 달라고 할 수도 없다. 교제하는 친구와 밥도 먹고, 놀이동산이나 노래방도 가야 하니 용돈이 턱없이 부족할 수밖에 없다.

두 번째 이유는 게임이다. 웬만한 중·고등학교 남학생들은 게임에 빠져 있는 것이 현실이다. 게임에서 승급하고 퀄리티를 높이려면 다양한 기술을 업그레이드할 수 있는 옵션이 필요하다. 이 옵션을 구매해서 게임에 적용하면 당연히 승승장구하게 된다. 따라서 게임을 많이 할수록 돈이 필요할 수밖에 없다.

세 번째 이유는 도박이다. 사실 이 부분이 가장 걱정스럽다. 최근 스포츠 관련 도박 사이트는 재미와 돈이라는 2가지 흥분을 동시에 줄 수 있다는 환상 때문에 한 번 클릭하면 손을 빼기가 쉽지 않다. 이 3가지 말고도 여러 가지 개인적인 사유가 있을 것이다. 이것이 돈을 빌리는 모든 이유라고 볼 수는 없지만, 지금까지 청소년들과 상담을 통해 이야기를 들어보면 대략 이 3가지로 압축된다.

'이성 교제'의 경우 비용이 많이 들어가는 데이트가 자주 있는 것도 아니고, 용돈 범위를 넘어가는 경우도 그리 많지 않을 것이다. 그래서 부모님에게 받은 용돈으로도 빌린 돈을 변제할 가능성이 그나마 있어 보인다. '게임'의 경우에도 중독 경계선을 오가는 친구들이 아니라면 돈을 빌리면서까지 게임 머니를 구입하는 경우는 많지 않을 것이다. 설령 돈을 빌린다고 하더라도 게임에는 큰돈이 필요하지 않기 때문에 회수할 가능성은 충분해 보인다. 하지만 '도박'이라면 이야기가 달라진다. 도박을 해서 돈을 벌게 되면 다행이지만 도박의 속성을 놓고 보면 언젠가는 다 잃고 마는 것이 현실이다. 더구나 청소년들은 도박을 할 수 있는 나이가 아니므로 신분을 속이고 도박을 하게 되는데, 간혹 적은 돈을 벌 수 있겠지만 큰돈을 벌었을 때는 사기 피해를 당하는 청소년들도 적지 않다.

또한 도박의 위험성은 '대출'과 연결되어 있다. 최근 인터넷 사이트에서 청소년을 겨냥한 대출상품이 암암리에 번져나가면서 결국 청소년들의 신분이 담보물로 나와 범죄에 상당수 악용되고 있다. 청소년들이 빌리고 빌려주는 금액은 그리 많지 않다. 적게는 5만 원부터 많게는 100만 원 정도 선이다. 어른 흉내를 낸다고 벌써 선이자를 떼고 빌리거나 고이자로 현혹해서 빌려준다. 정작 담보는 없다. 어찌 보면 사기 피해를 당하는 어른들의 축소판처럼 보인다. 그전에 돈을 자랑해서 군침을 삼키게 만들어서도 안 되며 좀 친하다고 돈 있는 친구들을 소개해주는 오지랖은 더더욱 안 된다. 돈을 빌려주면 돌려받을 수 있는 방법이 아무것도 없기 때문이다. 결국은 형사가 아니라 민사인데 돈 5만 원 때문에 법원에 갈 수는 없지 않은가. 가정에서 자녀에게 수시로 교육하고 말해야 한다.

"친구나 선후배한테 절대 돈을 빌리거나 빌려줘서는 안 된다."

4부.
내 새끼, 오늘도 수고했어

내가 아이들에게 주먹밥을 주는 이유

돈이 많아서 아이들에게 주먹밥을 주었던 건 아니다. 굳이 변명하자면 강의하고 나서 받은 '강의료'를 좀 더 의미 있게 쓰고 싶었던 작은 생각에서 출발했다. 주먹밥은 아이들에게 한 끼를 해결하기 꽤 괜찮은 음식이다. 청소년들이 간식으로 즐겨 먹는 애용 음식으로도 아주 적합하다. 요즘 주먹밥은 가게마다 그 크기와 재료, 종류가 다양하다. 확실하게 말할 수 있는 건 주먹 크기보다는 훨씬 크다.

아이들에게 주먹밥을 주게 된 건 대략 5년 전 신학기가 시작되는 3월이었다. 내가 담당하게 된 '조금 센 학교'를 방문하다가 우연히 특이한 광경을 보았다. 학교 정문 옆에 작은 주먹밥 가게

가 있었는데 대부분의 학생들이 등교하기 전 꼭 주먹밥 가게에 들러 주먹밥을 먹고 학교에 가는 것이었다. 그 모습이 마치 전쟁 터 구호창구에서 배급을 기다리는 피난민 같을 정도였다. 대부분 은 자리가 없어 가게 밖 문 앞까지 장사진을 치거나 더러는 점심 용으로 테이크 아웃을 해가는 친구들도 있었다.

그리 대단한 일은 아니라서 학교는 모르게 했다. 쑥스럽기도 하고, 해명하는 것도 좀 우스운 것 같고, '오른손이 하는 일을 왼 손이 모르게 하라'와 같은 위대한 생각은 더더욱 아니었다. 상대 적으로 학교가 알게 되면 오히려 불편하게 생각할지도 모른다는 불안한 마음도 있었다. 어찌 됐건 학교 옆 주먹밥 가게 사장님과 나는 작전에 들어갔다.

주먹밥 집에 나의 장부를 만들어 놓았다. 누가 먹고 갔는지는 알아야 할 것 같아서 먹고 난 다음에는 정성껏 기재를 해달라고 학생들에게 말했다. 그렇게 3월부터 배가 고픈데 돈이 없는 아이 들을 위해 매달 주먹밥 100개를 제공했다. 하루에 주먹밥 제공 은 20개를 넘지 않았다. 그리고 먹을 수 있는 시간대도 평상시 등 교시간보다는 훨씬 빠른 7시에서 8시 사이로 정해두었다.

배가 부르다면 범죄를 저지르지 않을 것이다. 더구나 경찰관 이 준 주먹밥을 먹었다면 그 경찰관을 봐서라도 나쁜 짓은 하지 않을 것이다. 나는 이 생각을 믿었다. 나의 생각은 크게 상식을 벗어나지 않는 범위 안에 있었다. 평범하지만 누구나 공감할 수 있는 생각들을 많이 하려고 노력했다.

아이들에게 주먹밥을 주었던 이유도 단순했다. 학교폭력이 제법 많이 일어나는 학교였고, 아이들의 모습에서 차갑다는 인상을 많이 받았다. 속은 안 그럴 텐데 말이다. 그러다 학교 교장선생님에게 부탁해서 학교 사정을 알 수 있는 자료를 요청받아 학교 안아이들을 조금 깊숙이 파악하기 시작했다. 자료를 파악하던 중에 내 눈에 들어온 건 이 학교 학생들의 60% 이상이 가정형편이 매우 어렵다는 사실이었다. 그 사실을 알고서 아침 주먹밥 가게의 진풍경을 다시 생각해 보니 주먹밥 먹는 걸 구경하는 친구들과 달라붙어 빼앗아 먹는 친구들이 보이기 시작했다. 그래서 주먹밥을 생각하게 되었다.

당시에는 배고프니까 돈을 뜯는 거고, 배고파서 짜증 나니까 괴롭히는 거고, 보호받지 못해 생긴 스트레스를 해소하기 위해 폭력을 쓰는 것이라고 생각했다. 이 모든 게 맞는지 아닌지는 모르겠지만 어찌 됐건 내 생각은 왕성한 청소년에게 배고픔은 나쁜 짓을 하기에 충분한 동기가 될 수 있다는 것이었다. 그래서인지 나의 주먹밥은 대부분 학교에서 불량스럽거나 나쁜 짓을 한 친구들이 먹었다. "맛있게 잘 먹었습니다"라는 인사를 원한 건 절대 아니다. 잘 노는(?) 친구들이 예의 바르게 인사를 해줄 거라곤 정말 기대도 하지 않았고, 이 주먹밥으로 오랫동안 나쁜 짓을 해왔던 친구들이 하루아침에 바뀔 거라는 생각도 하지 않았다. 그냥 한창 먹을 나이에 조금이라도 더 먹이고 싶었다.

　그런데 주먹밥을 제공하고 놀라운 일이 벌어졌다. 그렇게 무뚝뚝하고 거칠어 보였던 친구들로부터 문자가 쇄도하기 시작했다. 아마도 이런 다정한 문자를 어른에게 보내기는 대부분 처음이지 않을까 싶을 만큼 이런 것에 익숙하지 않은 친구들이다. 그래서 더욱 감동이었다. 그중에는 수업시간 책상 위에 다리를 올려놓고 스마트폰 게임을 하는가 하면 재미로 폭력을 행사하는 친구들도 있었다. 뒷일은 전혀 생각하지 않는 소위 오늘만 사는 친구들도 내게 문자를 보내주었다.

"아저씨, 잘 먹었습니다!"

　학교를 안 나오는 친구, 학교를 그만둔 친구, 사고 꽤나 치는 친구들을 만나기 위해 직접 가정방문을 해본 적이 있다. 거리가 중요한 것은 아니었다. 시간도 마찬가지였다. 오후가 되었건 저녁이 되었건 가급적 그 친구들이 원하는 시간으로 잡았다. 가정방문을 하면 이 친구들의 행동을 이해할 수 있게 된다. 일부 학생만이 아니라 거의 모든 학생들이 부모로부터 보호받지 못하는 상황을 눈으로 직접 보게 되면 생각이 달라진다. 그래서 나는 이런 친구들에게 절대 잔소리를 하지 않는다. 그렇다고 관심도 없는 학업에 대해 이래라저래라 하지도 않는다. 그냥 주먹밥만 준다. 그러다 마음에 진동이라도 느껴졌으면 좋겠다는 것이 내 바람이었다. 일단은 그 친구들과 신뢰를 형성하는 게 내가 정말 주먹밥을 주는 이유였기 때문이다.

　얼마 전에 개학을 했다. 개학 첫날 주먹밥 사장님으로부터 전화를 받았다. 아침 7시경에 그 친구가 와서 주먹밥을 먹고 갔다고 했다. 그 친구란 학교에서 나쁜 짓으로 이름 꽤나 날리는 친구를 말한다. 그 친구가 밥을 먹는지 안 먹는지를 몇 달 동안 지켜봤는데 드디어 오늘 아무도 없는 7시에 와서 조용히 장부에 이름을 달고 주먹밥을 먹고 갔다고 했다. 매우 기분이 좋았다.

　학교에서 학생부 선생님들과 대화를 나누던 중 반가운 이야기를 해주었다. 지난해보다 학생들이 예의도 바르고 무엇보다 선생님에게 대드는 경향이 많이 줄었다고 했다. 주먹밥만이 학생들을 그렇게 만든 것은 아닐 것이다. 선생님들의 열정이 가장 큰 역할을 했을 것이다. 하지만 중요한 건 그들에게 변화가 생겼다는 것이고, 그 변화가 지금도 진행 중이라는 것이다. 이 변화가 끝이 아니라 진행 중이라면 앞으로도 계속 달라질 수 있다. 결국 내가 이 친구들에게 원했던 건 바로 '변화'였다. 우리가 몰라서 그렇지 어찌 보면 그들도 내 생각처럼 달라지기를 간절히 원하고 있을지도 모른다.

무엇보다 '아이의 자존감'을 들이셔야 합니다

밤 10시, 전화벨이 울렸다. 스마트폰을 확인한 순간 너무 오랜만에 반가운 기분이 들었다. 지난해 청소년 업무 때문에 꽤 자주 만났던 선생님인데 다른 부서로 가시면서 그간 연락이 끊겼다. 이렇게 늦은 시간에 전화하실 분이 아닌데 전화가 왔다는 건 분명 무슨 일이 있다는 예감이 들었다.

"선생님, 너무 오랜만이십니다. 잘 지내셨죠?"
"늦은 시간에 연락드려 너무 죄송하네요. 긴히 드릴 말씀이 있어서 무례를 하게 되었습니다…."

대화 중에 메시지 알림음이 울리면서 선생님은 내게 메시지부터 먼저 확인해달라고 했다. 누가 봐도 알 수 있는 왕따를 당하는 분위기의 캡처 사진이었다.

"당하고 있는 아이가 제 큰아들입니다. 초등학교 5학년이고요…."

"아…, 그래요."

자녀가 이렇게 된 자초지종을 설명하기 위해 선생님은 긴 이야기를 시작했다. 그리고 선생님은 석 달 전에 병으로 아내를 잃었다고 했다. 선생님은 아내를 잃었지만 아들은 사랑하는 엄마를 잃은 것이다. 초등학생 5학년이 감당하기에는 너무 큰 이별이라는 생각이 들었다. 전화를 한 이유는 착하고 씩씩했던 아들이 엄마를 하늘나라로 보내고 나서 학교에서 적응을 못하고 있다는 내용 때문이었다.

아이는 이제 초등학교 5학년이었다. 너무 씩씩해서 오히려 친구들을 괴롭히지 않을까 걱정했던 아이라고 했다. 그런데 엄마의 이별이 충격이 되었나 보다. 그때 이후로 말수도 적어지고 장난도 잘 치지 않는단다. 학교에서는 담임 선생님이 아이가 힘들어하는 모습을 보일 때가 여러 번 있었다고 했다. 직접 아이에게 물어봐도 대답은 하지 않는단다. 선생님에게 아이가 제일 좋아하는 것이 뭐냐고 물었더니 축구라고 망설임 없이 대답했다. 예전에는 학교 갔다 오면 친구들과 축구도 곧잘 해서 자기가 몇 골 넣었는지부터 수다를 떨곤 했었다는 것이다. 그런데 요즘은 그런 이야기가 전혀 없다고 했다.

일단 선생님이 보낸 캡처 사진에 대해 아이가 알고 있는지부터 물었다. 몰래 캡처한 것이라 아이는 아직 모른다고 했다. 나는 이 사안에 대해 학교에 신고하고 싶은지를 물었다. 선생님은 나의 의견대로 하겠다는 의사를 밝혔다. 그래서 나는 일단 지켜보자고 했다. 신고를 통해 조치를 받는 것보다 이 사진이 실제 어느 정도 수위인지, 또 아이는 이것에 대해 얼마나 부담감을 가지고 있는지를 천천히 확인하고 최종 결정을 내리기로 했다.

다음 날 나는 평소 친분이 있던 인천 유나이티드 프로축구단 홍보팀 사무실을 찾았다. 5년 전부터 이끌고 있는 청소년 동아리와 같이 캠페인을 한 탓에 홍보담당자를 만나 선생님의 속사정을 편하게 말씀드렸다. 나는 아이에게 필요한 것이 자존감이라는 생각이 들었다. 우선 엄마로 인해 겪었던 상실과 우울을 당당한 자신감으로 바꿔주고 싶었다. 마침 축구를 좋아하고 또 인천 유나이티드 축구 팬이라고 해서 평소 친분이 있는 인천 유나이티드 홍보팀 사무실을 찾게 되었다. 담당자와 나는 아이에게 자존감을 찾을 수 있는 방법을 구상하던 중 축구 감독님과 선수들에게 친필 사인을 받을 수 있는 시간을 제공해주면 어떨까 생각했다. 정말 고맙게도 당시 김도훈 감독님과 전 선수들이 흔쾌히 허락해줘서 진심으로 고마웠다.

나는 선생님과 함께 아이를 만났고, 사진에 관해 이야기를 나누었다. 다행히 생각했던 것보다 많이 괴로워하고 있는 것 같지는 않았다. 그래서 앞으로 그 친구들과 잘 지낼 수 있는 방법에 대해 나와 함께 의논하자고 약속했다. 또한 이후에 힘든 일이 있을 때는 언제든지 꼭 연락하기로 했다. 아이도 무척 반기는 눈치였다. 그러고 나서 나는 이야기를 꺼냈다. 학교에서 가장 친한 친구들과 함께 이번 축구경기 때 선수들 친필 사인을 받게 해주겠다고 제안했다. 아이는 펄쩍 뛰며 무척 좋아했다.

인천 유나이티드 축구단 덕분에 아이는 행복한 경험을 했다. 선수단 라커룸에 들어가서 자신이 존경하는 감독님과 선수들에게 일일이 돌아가며 친필 사인을 받았다. 선수들도 아이에게 항상 응원하겠다고 격려해주었다. 함께 온 아이의 친구들도 덩달아 좋아했다. 그렇게 행복한 이벤트를 마치고 나는 아이와 친구들을 데리고 청소년 경찰학교에 가서 경찰 직업체험 프로그램을 진행했다. 마치고 나서는 함께 영화도 보았다. 무엇보다 다른 친구들에게 이 친구 옆에는 언제나 든든한 경찰관 아저씨가 있다는 걸 은근히 알려주고 싶었다. 다음 날 퇴근 무렵에 선생님이 사무실을 찾았다. 우리는 벤치에 앉아 잠깐 이야기를 나누었다.

"고맙습니다. 경위님."

"고맙긴요, 아이가 좋아해서 정말 다행입니다. 꼭 자신감을 되찾았으면 좋겠어요."

"오늘 학교에 어제 사인받은 축구공을 가져가서 사이가 안 좋았던 친구들까지 함께 축구를 했다고 하더라고요. 일단 사진에 대해서는 조금 더 지켜보기로 했습니다."

부사관이 되어 나타난 여학생

당시 고등학교 1학년이었던 이 학생을 처음 마주한 건 5년 전이다. 내가 운영하는 청소년 단체 '청바지 동아리'를 통해 모 여고에 다니던 이 학생을 알게 됐다. 학생은 금세 눈에 띄었다. 생각하는 사고방식과 행동의 간결함, 그리고 어린 나이임에도 불구하고 원칙과 자기 규범이 있어 보였다. 이런 모습은 학생을 보는 내내 나를 흐뭇하게 만들었다.

"대장님, 죄송하지만 제 꿈은 경찰이 아닌 군인입니다."
"그게 뭐가 죄송해? 하나도 안 죄송해도 돼."

경찰관이 운영하는 동아리에서 군인이라는 꿈을 가진 것이 미안하다고 말하는 예의 바른 학생이었다. 고3이 되기 전까지 두 해 동안 그 학생은 학창 시절을 거의 청바지 동아리에서 보냈다. 그리고 고3이 되고서는 거의 연락하지 못했다. 수능이 가까워져 왔을 때도 내가 보낸 문자는 거의 읽지 못하는 듯했다. 나중에 알았지만 공부를 위해서 휴대폰을 거의 사용하지 않았다고 했다. 그만큼 자기 일에 빠지면 몰입 그 이상을 하는 친구였다.

하지만 그해 수능에서 그 여학생은 원하는 대학교에 가지 못했다. 그리고 이내 연락이 끊겼다. 어디에서 무엇을 하는지조차 아는 이가 없을 정도로 두문불출하며 나름 혼자만의 시간을 보내는 것 같았다. 이 친구는 그래도 된다고 생각했다. 마음 한편에 이 친구가 가끔 생각이 날 때면 내가 할 수 있는 건 그저 건강하게 잘 준비해 달라고 기도하는 것뿐이었다. 오랜 시간 동안 연락이 없다 보니 기억에서 멀어지는 건 어쩔 수 없었다. 더구나 직업의 특성상 자주 학생을 떠올린다는 것은 사실 불가능했다. 그 학생과 나는 그렇게 각자 바쁘게 살았던 것 같다. 그리고 2018년 1월, 새해가 되고 나서 3일이 지났을 때 SNS 메신저를 통해 한 장의 사진을 받았다. 꽃다발을 들고 있는 여공군의 모습과 사진 아래로 또박또박한 글씨가 적혀 있었다.

"대장님, 오늘 자로 공군 부사관 임명받았습니다."

연락이 온 그날은 바로 공군 부사관 임명식이 있는 날이었다. 부사관에 합격하여 훈련 중에도 연락이 없다가 기어이 훈련을 다 완수하고 정식으로 공군 부사관 계급장을 달고서야 내게 소식을 전한 것이다. 그동안 연락이 없던 이유를 이제야 알게 되었다. 이 건 정말 말도 안 되는 이야기라고 생각했다. 무엇보다 학창 시절 멋있는 군인이 되겠다고 한 약속을 지키고 싶었다는 말에 나는 할 말을 잃어버렸다. 난 그 약속을 잊고 있었는데 학생은 약속을 절대 잊어버리지 않은 것이다.

"미안하지만 대장님은 너와의 약속을 잊어버렸어. 그냥 걱정 만 하고 있었단다."
"저는 대장님과의 약속이 지난 시간을 버티고 이겨낼 수 있는 힘이 되었어요."

그 여학생은 웃으며 말했다. 대학을 잠시 접고 부사관을 선택 하는 과정에서부터 꿈을 위해 보고 싶은 많은 사람을 뒤로하고 부사관 훈련을 이겨내기까지 내가 알지 못하는 힘든 시간이 있 었을 것이다. 어른도 감당하기 힘든 시간을 혼자서 감당하게 만 든 것이 진심으로 미안했고 또 고마웠다. 학생은 이제 일주일 쉬 었다가 자대 배치를 받고 정식으로 근무한다고 했다. 자랑스러웠 다. 그냥 학생의 이야기를 듣고만 있어도 행복했다. 또 연락을 드 리겠다는 말에 나는 한마디를 덧붙였다.

"최근 불거져 나오는 군내 성범죄 관련해서 혹시라도 문제가 생기면 언제든지 대장과 의논해야 한다."

"당연하죠."

내 말에 그저 웃기만 한다. 이런 유능한 인재를 뽑은 공군이 부럽다.

어엿한 사장님이 된 진우

고3인 진우는 내가 담당하고 있던 학교의 학생이다. 진우는 요즘 청소년들에 비해 그리 잘생긴 친구는 아니다. 키도 작고, 얼굴에도 장난기가 가득하다. 하지만 분명한 건 진우는 나를 웃게 만드는 친구다. 진우의 페이스북에 들어가면 즐겁다. 그래서 가끔 피곤할 때는 그냥 웃고 싶어서 진우의 페이스북에서 죽치고 있을 때도 있다. 학교에서 만나면 그리 큰 리액션은 없다. 그렇다고 예의 바르게 인사를 하는 것도 아니다. 어떨 때는 조금 논다는 친구의 스타일이 묻어 있지만 그렇다고 노는 친구는 아니었다. 캐릭터 설정이 조금 힘들었던 친구다. 그렇게 애매모호했던 진우가 며칠 전 내게 문자 한 통을 보냈다.

"대장님, 저 가게 오픈했어요. 시간 되실 때 한번 찾아주세요."

우리 진우가 가게 사장님이 되었다니! 그것도 음식과 커피를 파는 가게의 사장님이란다. '듣는 Cup Shot'이라는 가게 이름이 입에 잘 감기진 않지만 그게 뭐 그리 중요한가. 중요한 것은 진우가 직접 생각해낸 이름이라는 것이다. 문자를 받고서 답장하는 시간이 아까워 바로 전화를 걸었다. 무슨 가게냐고 물었더니 컵밥과 주먹밥 같은 분식도 팔고, 동네 아주머니들을 위해 원두커피도 직접 로스팅해서 판매하는 가게라고 했다. 제법 사장님답게 씩씩하게 말해주었다. 단번에 진우가 달라 보였다.

공부에 별 취미가 없어 보였고, 별다른 캐릭터도 없어 보였던 진우가 고등학교 3년 동안 공부 대신 가게를 위해 조리사 자격증도 따고, 바리스타 자격증도 땄다는 이야기를 듣고서 가슴이 뭉클해졌다. 아무 생각 없는 친구처럼 보였는데 말이다. 그렇게 생각한 것이 너무나 미안했다. 가게를 직접 찾아가 보니 인테리어가 너무 예뻤다. 주택가 쪽에 있다는 이야기를 들었는데 큰 도로에서 그리 멀지도 않았다. 더욱 반가웠던 건 분식을 좋아하는 여중 후문이 가게 앞이었다는 점이다. 위치가 참 마음에 들었다. 10평 남짓 되는 실내는 원목과 블랙으로 색감을 주고 조명등으로 화사한 분위기를 이끌어낸 것이 마치 학생들과 동네 어머니들이 다 같이 모여 수다 떨기에 좋은 공간으로 보였다.

청소년들을 만나면 어느 정도 그 친구의 미래가 보인다. 몇 년 뒤에는 어떤 모습으로 무슨 일을 하고 있을지 말이다. 특별한 재주는 아니다. 그저 아이들과 많이 나대면(?) 그런 재주는 자연스럽게 생긴다. 진우를 봤을 때 몇 년 뒤의 모습이 걱정되었던 게 사실이다. 주변 친구들은 벌써 취업을 하고 대학을 준비하고 있는데, 진우는 성적도 안 좋고 관리도 안 해서 취업도 대학도 사실상 힘들었던 친구다. 그런 진우가 나를 제대로 골탕 먹였다. 지난 3년 동안 한 번도 스스로 문자를 하지 않던 친구가 자기 가게를 가진 사장님이 되어서야 연락을 해왔다. 이유를 물었더니 사장님이 되니까 대장님이 생각났단다. 우리 진우가 제대로 철이 들었나 보다.

시간이 많지 않아 시식까지는 하지 못하고 돌아온 게 못내 아쉬웠다. 화분이라도 들고 갔어야 했는데 준비를 못해서 봉투에 마음을 담아 건넸다. 그리고 뿌듯한 마음을 안고 돌아서려는데 유리창에 글을 한 문장 써달라고 했다. 당연히 써줘야지. 생각도 하지 않고 진우 얼굴만 바라보고 글을 적었다.

"마음을 선물하는 진우네 가게가 될꼬야~!"

진우는 지금 꿈에 부풀어 있다. 목표를 가진 친구의 얼굴은 많이 봤지만 청소년 중에 꿈에 부풀어 있는 친구를 본 적은 없다. 진우를 통해 희망을 껴안고 있는 청소년의 얼굴을 본 것은 이

번이 처음이다. 지금 진우는 키도 커 보이고 얼굴도 잘생겨 보인
다. 진우는 내가 알고 있는 6천여 명의 청소년 중에 유일하게 꿈
을 이룬 사장님이다.

나는 고심 끝에 보조배터리를 선택했다

"대장님, 학교 안 다니는 친구가 하나 있는데 대장님을 만나고 싶대요."

"오, 그래? 당장 만나야지."

"그런데 친구가 꼭 물어봐 달라는데요. 자기도 상담센터 가서 상담받으면 보조배터리 받을 수 있냐고요?"

"당연히 받을 수 있지."

오늘도 알고 지냈던 청소년을 통해 학교를 그만둔 친구를 만났다. 소개를 받은 탓에 그리 서먹하지는 않았다. 그리고 만나기 전 나의 페이스북을 보고서 만나도 괜찮은 경찰관 같다고 생각했단다. 학생에게 신뢰를 준 모양이다. 기분이 꽤 좋다.

상담은 밥상머리에서 시작했다. 학교를 그만두게 된 사연도 들을 수 있었고, 꿈이 없어 여전히 지루한 하루하루를 보내고 있다는 넋두리도 들을 수 있었다. 말이 별로 없는 친구라고 소개받았는데 이 정도로 이야기를 해주니 무척이나 고마웠다.

"그럼 한 가지만 부탁하자."

"뭔데요?"

"고등학교는 졸업해야 한다. 그리고 밥은 꼭 먹고 다녀야 해."

이것이 학교를 그만둔 친구들을 만나면 내가 '떼'를 쓰는 이유다. 반드시 관철해야 하고, 일단 그들을 만났다면 물고 늘어져서라도 약속을 받아내는 것이 중요하다. 그래서 같이 밥을 먹는다. 일단은 밥은 먹고 다녀야 범죄를 저지르지 않는다는 생각에는 아직 변함이 없다. 그들의 이야기를 들어주고 또 그들의 이야기를 추켜세우고 나서 내 생각을 관철하기 위해 청소년 상담센터에서 상담을 꼭 받아달라고 부탁한다.

"딱 2시간만 상담받아봐. 그게 대장님이 너에게 밥을 사주는 이유고, 또 선물을 주는 이유야."

"와, 드디어 받네요. 정말 받고 싶었는데."

"대장님과 약속할 수 있지? 상담센터 가서 검정고시도 도와

달라고 하고 진로에 대해서도 뻘쭘해하지 말고 하고 싶은 이야기
다 하고 오는 거다."

"네!"

학교를 그만둔 친구들은 일반 학생들과 생각이 조금 다르다.
정확하게 말하면 생각이 아주 게으르다. 잘 움직이려 하지도 않
고 스스로 무엇을 하려고 하는 것이 익숙하지 않은 친구들이다.
만나고 보니 그랬다. 그래서 그들과 내가 약속의 징표로 무엇이
좋을까를 생각했다. 기왕이면 학생들이 좋아하고 이 정도면 미
안해서라도, 아니면 대장님 애쓰는 마음을 헤아려서라도 제 발
로 상담센터를 찾아갈 수 있게 만드는 약속의 징표 말이다. 그래
서 나는 자비로 보조배터리를 주문했다. 그것도 청소년들이 좋아
하는 마블, 아이언맨과 캡틴 아메리카 심볼이 들어가 있는 꽤 멋
있는 보조배터리를 만들어봤다. 아주 심플한 것이 내가 주문했지
만 참 괜찮았다. 그런데 이 보조배터리가 2,700여 명의 청소년들
로 가득 찬 나의 페이스북에 게시되면서 예상치 못한 파장이 일
어났다. 오죽하면 학교를 열심히 다니는 친구들도 보조배터리를
받으려고 메신저를 보냈을까.

"갖고 싶어요, 대장님!"

"안 돼. 넌 학교 다니잖아."

"저 학교 그만두고 받고 싶어요."

"뗵!"

보조배터리 자체도 예쁘지만 어떤 친구들은 배터리 뒷면에 새겨진 문구가 더 멋지다고 했다.

"꼭 밥은 먹고 다녀라."

내가 아이들에게 꼭 해주고 싶은 말을 문구로 넣었을 뿐인데 아이들은 그 말이 참 좋단다. 밥을 사주겠다고 한 것도 아니고 알아서 밥을 꼭 먹고 다니라고 했을 뿐인데 말이다. 내 마음을 알아준 것일까? 그렇게 게으른 친구들이?

범죄 경험이 있는 청소년, 학교를 그만둔 청소년, 아무런 꿈도 없이 멍 때리고 사는 청소년들을 대할 때 나는 늘 미안한 마음을 가지고 마주한다. 왜냐하면 그들 대부분은 할머니, 할아버지와 함께 살거나, 아니면 부모 없이 혼자서 살거나, 그것도 아니면 4~5일에 한 번씩 들러주는 쿨한 부모랑 함께 사는 아이들이다. 물론 내가 그들의 부모는 아니지만 보호받지 못하는 아이들 모습을 보니 어른으로서 마냥 미안하다는 생각이 들었고 이것이 내 진심을 이끌어내는 데 도움이 되었다. 그럼 그 친구들은 이처럼 숭고한 내 마음을 알고 있을까? 사실 이해하지 못할 줄 알았는데 많은 이야기를 하지 않아도 게으른 친구들이 움직이기 시작하고, 무시하던 친구들이 먼저 만나자고 한다. 그 정도라면 충분히 이해했다고 봐도 좋다.

'사탕과 과자를 준비하면 약속을 지킬 수 있을까? 공책을 주고, 샤프를 선물하면 약속을 지킬 수 있을까? 여름이니까 부채를 선물하고, 수첩을 선물하면 상담센터에 상담을 받으러 갈까? 그렇게 게으르고 이기적인 놈들인데?'

그런 것과 거리가 있는 녀석들이 상담센터를 스스로 찾아간다는 건 내 계산법에서는 말이 안 되는 것이었다. 그래서 나는 고심 끝에 보조배터리를 선택했다.

학교를 다니지 않는 친구를 일컬어 '학교 밖 청소년'이라 부른다. 학교 밖 청소년을 왜 찾아내야 하고 이들을 보호해야 하는지 그 취지와 목적을 정확하게 이해할 필요가 있다. 청소년은 대한민국 국민으로서 기본교육을 받을 권리와 의무가 있다. 그런데 자신의 권리와 의무를 박차고 학교 밖으로 뛰쳐나간 친구들이다. 그들이 범죄자로 전락하는 것을 막고, 사회의 건강한 구성원으로서 자기 인생을 멋지게 펼쳐나갈 수 있도록 도와주는 것이 학교 밖 청소년을 보호하는 목적이다. 그래서 하루빨리 아이들이 학교로 복귀했으면 좋겠고, 그게 안 되면 검정고시라도 획득하거나 취업을 했으면 좋겠다는 생각이다.

나는 그들이 먼저 움직여주기를 원했다. 먼저 전문 기관에 가서 상담도 쿨하게 받아야 한다. 문제는 이들을 어떻게 상담센터까지 가게 하는지다. 물론 선물 같은 거 없이 그들에게 가라고 할 수도 있다. 하지만 경험상 선물을 주지 않고 구구절절 필요성을 역설하며 제발 가달라고 애원하면 안 간다. 왜냐하면 익숙하지 않기 때문이다. 책임감은 이미 잊어버린 지 오래고, 의무감이 있었다면 학교를 그만두지 않았을 것이다. 그러면 지금처럼 학교 밖 청소년이 되지 않았을 것이다. 그래서 보조배터리는 약속 이상의 의미를 지닌다. 보조배터리를 먼저 받은 상황이라 상담받으러 안 가면 안 될 것 같은 미안한 마음이 그들의 게으름을 바꾸게 될 것이다. 무엇보다도 중요한 것은 그들과의 '관계 형성'이다. 이제 그들과 나는 친구가 되었으니 적어도 나쁜 짓을 하거나 나쁜 짓에 휘말릴 때마다 내가 생각날 것이다.

이제부터라도 그들을 변화시킬 수 있는 시간을 얻게 되어 기쁘다. 다행히 지금까지 선물을 받고 상담을 받겠던 친구들은 거의 대부분 상담센터에 와서 상담을 받았다. 나머지 몇몇 친구들도 상담 약속을 잡았다고 했으니 전원 상담을 받은 셈이다. 이제 그들이 변하기를 기다려야 한다. 당연히 변하지 않는 친구들도 있을 것이다. 그럼 또 그 친구들과 밥을 먹을 것이다. 그들은 잘못한 것이 없으니까 야단은 치지 않을 것이다.

축구는 그만두었지만 ",

2015년 4월, 중학생 축구부 선수들을 만났다. 그 친구들을 만난 이유는 재밌는 교육 프로그램을 진행하기 위해서였다. 가까이에서 처음 보는 경찰관이라 그런지 눈치를 보는 듯한 모습들이 조금은 우스웠다. 사전에 학교폭력 예방 교육을 위해 코치님과 협의가 있기는 했지만 의외로 아이들은 내가 생각했던 것보다 더 잘 따라주었다. 가끔 여자 친구에 대한 말이라도 꺼내면 수줍게 고개를 돌리던 모습들까지 기억이 난다. 어쨌든 그날의 교육은 좋았다. 아이들에게도 고된 훈련보다는 백배 나았을 것이다.

교육 이후로 나는 아이들과 빠르게 친해졌다. 아이들이 SNS에 남긴 훈련 소식과 경기 소식이 나의 SNS로 전달되었다. 그럴 때마다 나는 빠짐없이 댓글을 달아줬고, 때로는 중학교 강연시간에 우리들의 이야기를 사례로 들려준 적도 있었다. 꿈을 좇는 아이들의 모습은 언제나 좋은 교육 소재였다.

그들은 늘 훈련이 힘들다고 했다. 더구나 다른 친구들이 공부하고 있을 시간에 필드로 나와 흙과 땀을 묻히는 훈련이란 솔직히 안 해본 사람은 모른다며 아우성이었다. 그러면서도 그들에게는 지금의 훈련이 모험이라고 했다. 고작 중학교 2학년이지만 그들은 이미 알고 있었다. 부상, 재활, 포기 등을 말이다.

2018년 3월, 당시 축구부 주장이었던 친구로부터 연락이 왔다. 거의 2년 만이다. 서로가 주어진 여건이 다르다 보니 많이 친했음에도 SNS 말고 직접 만나서 얼굴을 보기란 쉽지 않았다.

"대장님, 저 축구 그만두었습니다."

놀랐다. 초등학교 1학년 때부터 축구를 시작해 대한민국 국가대표가 되겠다고 마음먹었던 친구였다. 부모님의 정성과 후원도 대단했던 것으로 기억한다. 그런 친구가 축구를 그만두었다는 말을 듣고 나는 한동안 말을 잇지 못했다. 축구를 그만두게 된 계기는 고등학교 진학이 결정적이었다고 한다. 당시 팀원이었던 대부분의 친구들은 원했던 고등학교로 진학했지만 이 친구만은 안타깝게도 함께 가지 못했다. 그리고 부모님과 의논해 인근 지역 고등학교로 입학해 축구를 이어갔지만 여러 가지 이유로 적응이 쉽지 않았던 모양이다.

　　"대장님, 보고 싶습니다."

　　이 말에 나는 한걸음에 달려가서 그 친구를 만났다. 그리고 우리는 밥을 먹었다. 나에게 연락한 날이 축구를 그만두겠다고 코치님께 말한 지 2시간도 지나지 않은 시간이었단다. 물론 사전에 부모님과의 이야기는 이미 끝냈다고 했다. 축구를 상실한 친구의 모습은 걱정했던 것보다 좋아 보였다. 좋아 보인다는 것은 2가지 이유에서다. 하나는 많이 고민하고 결정을 내렸기 때문에 좋아 보이는 것이고, 또 하나는 좋지 않은데 나를 위해 좋아 보이는 것처럼 꾸미는 것이다. 둘 다 내 마음을 아프게 하는 건 마찬가지다. 이 친구는 내가 먼저 묻기도 전에 앞으로의 계획이 어떻게 되는지 잘 말해주었다. 걱정하지 말라는 의미인 것 같아 마음이 짠했다. 2학년이 되었고, 공부에 대한 기초가 없지만 부모님께서 도와주시기로 했다며 오히려 나를 안심시켰다.
　　식사가 마무리되어 갈 즈음 나는 친구의 결정을 고스란히 받아들였다. 아무래도 중간중간 "그래도…"라는 말을 한 번쯤 해보고 싶었던 게 사실이다. 하지만 자기가 내린 결정에 당당해하고 그 뒤에 든든한 부모님이 버텨주고 계시다는 걸 확인했으니 식사가 끝나갈 무렵에는 나도 부드럽게 결정을 받아들이게 되었다. 그러면서 마음이 한결 편해졌다. 식사를 마치고 우리는 가게 앞에서 셀카를 찍었다. 10년 뒤에도 이 사진을 꼭 간직하자고 서로 약속했다. 버스에 오르는 친구를 뒤로하고, 나는 돌아오는 길에 학생의 아버지에게 전화를 드렸다.

"쉽지 않은 결정을 하셨습니다. 아버님."

"아이가 생각하고 또 생각해서 내린 결정이라고 하니까 따라주었을 뿐입니다. 어렵지는 않았습니다."

"항상 옆에서 돕겠습니다."

"지금까지도 너무 고맙게 생각하고 있습니다. 경위님."

많은 것을 이야기하지 않아도 알게 되는 것이 있다. 그것이 부모의 마음이라는 것도 잘 알고 있다. 그래서인지 지금 내 마음이 아픈 것은 어찌 보면 경찰로서가 아닌 부모 입장에서의 마음이라 더 그랬는지도 모르겠다. 부디, 축구 대신 더 멋진 꿈을 꾸고 그 꿈을 마음껏 펼쳐나갔으면 좋겠다.

어디서도 팔지 않는 선물

"

자정이 넘은 시간, 한 친구로부터 기쁜 소식을 들었다. 지난겨울, 나와 밥팅을 한 청소년이었다. 당시 학교를 이미 그만둔 친구였는데, 그 친구가 조금 전 내게 당당하게 검정고시에 합격했다고 전했다. 정말 어메이징하다.

고등학교를 그만두기 전까지 음악가가 되고 싶어 했던 친구였다. 한때는 부모님이 주신 학원비마저 탕진할 정도로 괴팍하고 울퉁불퉁했던 친구였다. 이로 인해 부모로부터 신뢰를 잃었고 무엇을 어떻게 해야 할지조차 몰랐던 이 친구가 내게 상담을 요청했다. 상담을 통해 내게 이야기하고 싶었던 것은 바로 "무언가를, 또 어떤 것을 원래대로 돌려놓고 싶은데 그러지 못하는 게 너무 힘들다"는 것이었다. 밥팅을 마치고, 후식을 먹으면서도 나는 달리 해줄 말이 딱히 없었다. '지금 있는 위치에서 네가 할 수 있는 일이 뭐가 있을까?'라는 질문도 그다지 어울리지 않는다고 생각했다. 그래서 나는 학생에게 말했다.

"당장 네가 하고 싶은 것을 하려면, 아니 그것도 아니고 그냥 부모님의 신뢰를 얻는 것이 먼저라면 일단 검정고시부터 따 보는 건 어떨까?"

"가능할까요?"

그렇게 시작한 말이었는데 오늘 무거운 입만큼 자신의 각오를 행동으로 보여준 그 친구가 너무 대견하고 자랑스럽다. 합격통지서를 받고 친구들, 가족과 함께 흥분된 시간을 보내고 고요한 시간이 되어서야 내가 생각이 났던 모양이다. 카카오톡으로 보내온 대화 중에서 가장 맛있고 얼큰했던 순간임은 틀림없었다.

아마도 나는 '굳이 왜 그렇게 사비 털어가면서까지 열심히 하냐?'고 고개를 꺄우뚱거리는 사람들에게 이제 좀 어깨를 펼 수 있게 되었다. 모든 일에는 확고한 마음만 있으면 된다는 것을 믿는다. 그런 내가 잔꾀를 부리지 않고 지금까지 소신대로 해왔던 대가치고는 꽤 괜찮은 선물이다. 이런 선물, 어디서 팔지도 않는 거다. 그 친구에게는 많이 수고했다고 말해주고 싶다. 덕분에 부모로부터 신뢰도 얻었다고 하니 사실 그 말이 더 반가웠다. 유난히 바람이 심하게 불었던 오늘, 이런 기쁜 소식을 안고 오느라 가을바람이 춤을 추고 있었던 모양이다.

'고맙다. 가을바람.'

" 3시간 만에 완성한 영화

영화를 만드는 작업은 다양한 색감의 섬유를 만드는 공장과 닮았다. 공장의 생산 시설처럼 고요할 때와 시끄러울 때가 공존하는 것이 영화 작업이다. 그리고 결과물로써 제품이 나오듯이 필름이 나오는 것도 닮았다. 그래서 영화 작업은 많은 시간을 필요로 한다. 다들 이렇게 알고 있다. 그런데 그렇지 않을 수도 있다. 순식간에 영화를 찍는다는 것, 상상하지 못하겠지만 나와 내가 교육하는 청소년들은 이것을 해냈다.

보통 학교를 그만둔 친구들과 학교는 다니지만 장기결석으로 인해 학업중단 위기에 놓인 학생들을 '학교 밖 청소년'으로 분류한다. 일반적인 부모님들은 "학생이 왜 학교를 안 가?", "30일이

나 학교에 안 갔다고?", "말도 안 돼. 부모님들이 가만 놔두나?"
라며 이해하지 못할 수도 있다. 하지만 가만 놔둔다. 사실 뭐라고
말할 수 있는 사람조차 주변에 없다. 이해가 안 될 수도 있겠지만
현실이다. 세상에는 이해가 안 되는 부분이 생각보다 많다는 것
을 나는 청소년 업무를 담당하면서 많이 느낀다.

   내가 담당하고 있는 학교에서는 담임 선생님이 나에게 문자
나 메신저를 심심찮게 보낸다. 일종의 시스템에 의해서 만들어진
체계 같은 것이다. 그러면 그날 저녁은 가정방문을 하는 날이다.
거리가 어떻게 되는지는 상관없다. 그냥 당연하다고 생각하면 힘
들지 않다. 물론 그전에 먼저 학생에게 전화를 걸어보지만 대부
분은 받지 않는다. 그럴 때는 저녁에 페이스북과 카카오톡으로 2
차 접선을 시도한다. 그래도 안 되면 이 친구와 서로 연결되어 있
는 친구에게 연락해서 부탁한다. 이게 3차 시도다. 그러고 나서
야 마지막으로 부모님에게 연락한다. 대부분 결손가정이거나 조
부모 가정이다. 물론 평범한 가정도 있지만 극히 드물다. 이것을
보면 학생의 학업 관심이 있고 없고는 가정환경이 지배적이라는
것을 알 수 있고 나 또한 이렇게 배웠다. 솔직히 많이 안타깝다.
   내가 담당하고 있는 학교 중에는 내 업무의 80%를 차지하는
학교가 있다. 독특한 학교다. 이 학교를 벌써 4년째 담당하고 있
지만 학생들을 장악하는 데 3년이 걸렸다. 꽤 힘들었다. 그래도
긴 시간 동안 아이들과 함께하면서 감동도 있었다. 이와 별개로

이 학교에서는 가장 큰 애로사항이 하나 있는데, 바로 학생들의 장기결석이다. 업무가 많다는 건 당연히 사건이나 사고가 많다는 뜻이다. 그래서 학교와 내가 공동으로 장기결석을 하는 친구들을 뽑아 '스위치 프로그램'을 만들었다. 스위치는 '스스로 위기를 치유하다'의 줄임말이다. 장기결석에 뽑힌 친구들은 매월 1회씩 나와 그룹으로 시간을 갖는다. 내 강의도 듣고, 같이 밥을 먹는 밥팅도 하고, 마지막으로 영화도 같이 본다. 스위치 프로그램에는 직업별 체험 과정도 있다. 바리스타, 요리, 웹디자인 등 청소년들이 좋아할 만한 직업군을 찾아 함께 체험을 해보는 시간도 갖는다. 괜찮은 프로그램이다. 무엇보다 학생들의 표정이 밝아져서 좋다. 처음에는 안 하겠다고 튕기더니 이제는 다른 친구들도 끼워달라고 연락이 온다.

스위치 프로그램을 진행하고서 한 달이 지난 7월 중순쯤 됐을 것이다. 경찰서 내에 다른 부서 직원이 내게 시간을 좀 낼 수 있냐고 물었다. 직원의 이야기는 이렇다. 7월 15일까지 경찰인권센터에서 해마다 인권영화제를 개최하는데 이번 영화제에 청소년들과 영화를 한번 만들어 보는 건 어떠냐는 것이었다. 내가 청소년들을 많이 알고 있으니 가능한 일이 아니냐고 오히려 반문했다. 그다음에 더 이야기가 있었던 것 같은데 기억이 나지 않는다. 왜냐하면 영화 이야기를 하는 순간 내가 교육하는 녀석들이 떠올랐기 때문이다.

'가능할까? 가능하겠지? 가능할 거야.'

머릿속에는 이런 생각들로 가득 했지만 어느 순간부터 기분이 좋아졌다. 아직 영화를 찍기 전인데도 말이다. 허락된 시간은 4일이었다. 그런데 문제는 내 일정이었다. 청소년 경찰학교 교육에, 지방 출강에, 사무업무까지 겹쳐서 시간이 너무 빠듯했다. 집중하고 시나리오 콘셉트를 잡아야 하는데 마음이 급해선지 좋은 소재가 떠오르지 않았다.

결국 포기할까 하다가 응모기한 하루를 앞두고 밤에 촉이 왔다. 자세히 말하자면 때마침 학생이 상담하러 온 것이다. 상담내용은 몸캠 피해를 입어서 멘붕이 된 내용이었다. 상담 이후로 줄거리가 술술 뽑혀 나왔다. 몸캠을 당한 학생이 학교전담경찰관에게 이를 상담하고, 학교전담경찰관은 이 사실을 태연하게 다른 사람들에게 누설함으로써 상담 학생의 사생활과 치부가 노출되는 인권침해에 관한 스토리다. 학생들과 같이 영화를 찍기에는 소재와 대사의 무게감이 가벼워 괜찮을 것 같았다.

아이들과 함께 본격적으로 영화 촬영에 돌입했다. 나는 아이들에게 대사를 따로 주지 않았다. 촬영 장면(scene)마다 상황만 설명해 주고, 평소 학교에서 나와 상담할 때처럼 너희들이 이러한 상황에서 하고 싶은 대사를 마음껏 던지라고 했다. 만일 대사를 줬다면 학생들이 무척 부담스러워했을 것이고, 당연히 연기도 엉성했을 텐데 대사를 주지 않은 것이 오히려 주효했다. 아이들이 연기하는 동안 카메라는 혼자서도 잘 찍게끔 해놓았다. 3시간에 걸쳐 논스톱으로 촬영한 끝에 무사히 촬영 작업이 끝났다.

퇴근 후에는 방에 틀어박혀 편집에 몰두했다. 단지 이어붙이는 수준이었지만 최대한 심혈을 기울였고, 늦은 새벽이 되어서야 모두 끝낼 수 있었다. 상담받는 주인공 역할을 맡았던 학생에게 완성한 영화를 출품하는 방법까지 상세하게 적어 보냈다.

사실 학생들은 태어나서 처음 영화를 찍어 봤고, 나 또한 마찬가지라서 큰 욕심 없이 출품 자체에 의의를 둔 것은 맞다. 단지 학생들이 영화 촬영 과정을 통해 새로운 경험과 재미를 얻고, 더불어 인권의 중요한 의미까지 깨닫는 계기가 된다면 더할 나위 없이 만족한다. 그렇게 우리는 보란 듯이 영화를 찍었다. 그리고 믿을 수 없는 일이 벌어졌다. 며칠 후 출품을 했던 학생에게서 전화가 왔다.

"대장님, 오늘 경찰청에서 연락을 달라는 문자를 받았어요. 저 정말 잘못한 게 없는데 어쩌면 좋죠?"
"해야지. 아니다, 대장님이 해볼게."

알고 봤더니 우리가 출품한 영화가 이번 영화제에서 '특별상'으로 선정됐다는 것이다. 웃음이 나왔다. 514편 중 9 작품이 선정되었는데, 그중에 우리가 뽑힌 것이다. 경찰 인권영화제 시상식 장에 가는 날, 학생들은 올해 들어 처음으로 교복을 말끔히 차려 입었다. 부모님들도 무척 좋아하셨단다. 태어나서 지금까지 이렇게 행복한 적은 처음이라고 했다. 말이 별로 없는 놈들인데 이날만큼은 말이 너무 많았다. 우리는 시상식장에서 경찰청장 표창과 상금 20만 원을 받았다.

영화제에서 상을 받았다는 감동보다 더 가슴이 뭉클했던 것은 학교에 장기결석하고, 평소 아무 생각 없이 살고, 사고도 몇 번 쳤었고, 힘든 가정사를 누구에게 말해본 적도 없고, 누구한테도 도움이나 격려를 받지 못했던 친구들이 모여서 그들의 힘으로 결과물을 만들었다는 사실이다. 이 친구들에게 특별상은 정말 '특별한 상'이었다. "가슴이 벅차오른다"는 말은 마치 이럴 때 쓰라고 만든 표현인 같았다.

아이들은 이런 걸 원했다

"강의에 있어서 우선순위는 뭘까?"

강의 요청을 받을 때마다 나 스스로에게 하는 질문이다. 끈질기다 싶을 정도로 질문을 던진다. 어떻게 하면 학생들에게 특별한 경험과 교훈을 줄 수 있을지 고민하고 또 고민한다.

이번에 강의할 학교가 있는 지역은 인천지역에 있는 영종도라는 섬이다. 영종도는 국제공항과 신도시가 있을 정도로 꽤나 큰 섬이다. 이 섬에 위치한 고등학교는 남녀공학 인문계열 고등학교로 인원이 1, 2학년 전체 500명 정도 된다. 이렇게 강의할 학교가 정해지면 본격적인 강의에 들어가기 전에 기본적으로 파악하는 것들이 있다. 바로 강의 주제, 지역, 대상, 성별, 학년, 그리고 콘텐츠다.

먼저 주제는 학교폭력으로 할 것인지, 성범죄예방으로 할 것인지, 진로에 대한 강의로 할 것인지 등이고, 대상은 초등학생 저학년과 고학년, 중학생, 고등학생, 대학생 등이고, 성별은 남학생인지 여학생인지 등이고, 학년은 몇 학년으로 할 것인지 등이고, 콘텐츠는 PPT를 활용한 설명 방식인지, 영상을 보여주는 시청방식인지, 문제를 풀어보는 퀴즈 방식인지, 각자의 의견을 내보는 토론 방식인지, 연극을 보여주는 공연식인지 등이다. 이번 강의는 특별히 '학교폭력 예방 교육'이라는 주제로 연극 콘텐츠를 기획했다.

내가 원하는 학교폭력 예방 강의

[방학 전] "경위님, 2학기 학교폭력 예방 강의 좀 해주세요."
　　　　　"맛있게 준비하겠습니다."
[방학 후] "선생님, 이번 강의는 연극 공연으로 하고 싶습니다."
　　　　　"너무 좋습니다."

이번처럼 특별한 강의를 준비할 때면 생각이 행동으로 이어지지 못하는 어려움에 봉착하기도 한다. 그 어려움의 대부분은 '컨택' 과정에서 생기는 어려움이다. 예를 들어, 내가 연극이라는 콘텐츠를 통해 학교폭력 예방 교육을 하고 싶다 하더라도 학교폭력에 대한 희곡이 없고, 또 이를 연기해줄 극단과 컨택이 안 되면 결국 하지 못한다. 그래서 다양한 콘텐츠를 하고 싶다는 생각은 있어도 이를 실현하기에는 컨택의 어려움 때문에 사실상 무산되는 경우가 많다. 사정이 그러함에도 불구하고 참여하겠다는 극단이 나타났다. 이번만큼은 연극 콘텐츠를 꼭 하고 싶었는데 운이 좋았다. 학생들을 위해 선뜻 재능기부에 힘써준 대학로 극단과 배우들, 또 학교 측에서도 믿고 선택해줘서 너무 감사했다.

나도 수업으로 진행하는 것이 아니라면 무엇이든지 다 좋았다. 내가 그렇게 생각하는 것처럼 강당으로 들어서는 학생들의 표정도 좋아 보였다. 아무것도 모르고 와서 그런지 무대 세트를 보고 궁금해하는 표정들과 나를 보며 손하트를 발사해주는 친구들까지 오늘 우리는 여러모로 유쾌한 날이 될 것만 같은 기분이 들었다. 어떤 한 친구가 손하트 3종 세트를 날려줘서 하마터면 응급실에 실려 갈 뻔했다. 학생들이 관람하게 될 자리는 강당 바닥이었다. 그리고 공연 무대도 단상이 아닌 바닥에서 하자고 제안했다.

"기왕이면 학생들과 배우가 가까운 거리에 있도록 자리를 배치하면 좋을 것 같아요. 마치 마당놀이처럼요. 그럼 학생들이 몰입해서 더 재밌게 연극을 볼 수 있을 것 같아요."

공연시간은 수업시간과 동일한 50분에 맞췄다. 연극은 재미있었다. 최근 청소년이라면 누구나 경험했던 사례들이었고 음향도 좋았다. 소품과 조명 같은 것들이 조금 아쉽긴 했지만 학교 강당이라는 것을 감안하면 훌륭했다. 이번 공연은 무엇보다 스토리 전개와 배우들의 연기, 그리고 학생들의 호응만 맞아준다면 내가 원했던 교육 후기는 충분히 나올 수 있을 것으로 생각했다.

"대성공인데요. 선생님."
"학생들도 많이 좋아하는 것 같습니다."
"그러게요. 딴짓하면 어떡하나 걱정했어요. 특히 뒤에 앉은 친구들 중에서는 그럴 수 있을 거라 생각했는데 1명도 없었습니다."
"학생들의 공연예절이 수준급입니다. 선생님."
"아마 대부분이 연극을 처음 봤을 겁니다. 여기는 특히 섬이라 시내까지 나가기가 너무 멀어서요."

결국 아이들은 이런 걸 원했다. 내가 원한 강의도 이런 거다. 학생들이 원하는 것을 가져와서 학생들과 콘텐츠가 함께 어울리는 그림, 콘텐츠가 끝나더라도 계속해서 학습되는 여운을 주고 싶었다. 이번 공연을 통해 다양한 콘텐츠의 활용은 이러한 긍정적인 현상을 안겨줄 수 있다는 것을 배웠다. 무엇보다 자비를 들여서까지 재능기부를 해준 극단 대표님과 배우들에게 진심으로 고마웠다. 다음 강의 콘텐츠는 바이올린으로 할 예정이다. 예고를 졸업하고 대학생이 된 친구들이 벌써 몇 명 떠오른다.

'청바지 동아리'를 공개 모집합니다

'청바지' 동아리가 어느새 7살이 되었다. '청바지'는 '청소년이 바라는 지구대'의 줄임말이다. 그런데 '왜 지구대예요?'라고 묻는 사람들이 적지 않다. 다른 뜻은 없다. 단지 2012년 당시 청바지 동아리를 만들 때 내가 지구대에서 근무했기 때문에 이름을 그렇게 지었을 뿐이다.

청소년 단체에서 일하시는 분들은 종종 묻는다.

"청바지 동아리를 왜 운영하세요?"

참 어려운 질문이다. 주변에서도 선후배들이 대단하다는 말을 아끼지 않지만 그래도 어떻게 자비를 들여 그런 동아리를 운영할 수가 있냐고 신기한 듯 묻는다. 1년 동안 청바지 동아리를 운영하게 되면 평균 500만 원 이상의 비용이 발생한다. 물론 그 비용은 순전히 내 주머니에서 나온다. 해마다 참여 인원이 200명이 넘는 데다 청소년들의 먹성과 활동성 그리고 무엇보다 반짝이는 창의성까지 겸비하고 있으니 청소년들의 생각을 실행에 옮기려면 500만 원도 사실 많은 금액은 아니다. 사람들이 집요하게 물어보면 마지못해 내뱉는 말이 있다.

"두 아들 때문에 운영합니다."

무슨 말인지 몰라 다시 묻는 사람들에게 똑같이 대답한다. 이 말 외에 사실 구체적으로 청바지 동아리를 운영하는 이유를 설명하기란 어렵다.

"대체 청소년들에게 무엇을 주고 싶어서 청바지 동아리를 운영하는 건데?"

이렇게 물으면 나는 동아리의 목적에 대해 말해준다.

"청소년들에게 좋은 인성과 학창 시절의 다양한 경험, 그리고 청소년들만이 가지고 있는 톡톡 튀는 아이디어를 끄집어내서 그들의 생각으로 스스로를 지킬 수 있도록 캠페인을 만들어내는 것이 동아리를 운영하는 목적이에요."

결국 이러한 경험을 통해 청소년들이 대학을 가고 취업을 했을 때 정말 값진 도움이 되었으면 좋겠다는 게 솔직한 내 속마음이다.

청바지 동아리 1기 남학생들은 어느새 군 제대를 앞두고 있고, 여학생들은 대학졸업반을 앞둔 어여쁜 숙녀가 되었다. 그리고 나 또한 흰머리가 수북이 쌓일 만큼 쌓여 이제는 염색을 하지 않으면 아저씨가 아니라 할아버지 소리를 들을 정도다.

그런 청바지 동아리가 어느새 7살이 되었다. 2016년까지 청바지 동아리의 시스템을 보면, 회장 중심으로 각 학교를 대표하는 '일꾼단 체제'를 유지해 운영해왔다. 그런데 이러한 시스템에는 문제가 있었다. 200명이 넘는 청소년들을 정작 운영하고 있는 내가 모른 채 한 해를 보낸다는 것이다. 일꾼단 제도가 낳은 큰 단점이었다. 많은 인원을 운영하려면 분업화하는 게 맞다. 역할의 재정립이 얼마나 중요한지를 다시 한 번 느꼈다.

청바지 동아리 5기는 '소통'을 택했다

우선 인원을 대폭 줄였다. 불필요한 지출을 줄이고 정말 청바지 동아리에만 전념할 수 있는 열정적인 친구들을 선발하기로 했다. 그래서 2017년에는 '청바지 동아리 5기'를 공개 모집했다. 회장 제도 또한 바꿨다. 기존 1명에서 남녀 2인 회장 체제로 전환해 직접 회원들을 관리할 수 있도록 했다. 회장 후보들은 지난해 가장 활동이 좋았던 일꾼단 중에서 고3 남학생과 여학생 각각 1명씩을 선발해 회장으로 임명했다.

인원이 얼마나 모집될지는 사실 중요하지 않았다. 인원이 너무 많다면 자기소개서를 토대로 과감히 정해진 인원을 맞추기 위해 노력할 것이고, 의외로 조건이 맞지 않아 지원한 인원이 턱없이 적다면 적은 대로 의미 있게 운영할 생각이었다.

매년 청바지 동아리를 운영하면서 무엇보다 '올해는 또 어떤 청소년들을 만날까?'라는 설렘과 '올해는 또 어떤 감동을 만들어 나갈까?' 하는 기대감에 부푼다. 나에게는 이 두 마음이 가장 중요하다. 이것이 청소년들을 대하는 기본자세이기 때문이다.

그렇게 우리는 청소년들만의 광복절을 보냈다

청소년이 나라를 사랑하고 역사를 기억해 준다면 나는 그들 이야말로 '태극기'라고 생각했다. 그리고 2018년 8월 15일, 광복절을 맞이한 그들은 실로 태극기가 되었다. 여느 국가대표 선수의 가슴에 새겨진 태극기와 비교해도 손색이 없었다.

청소년들을 태극기로 만드는 역할은 누가 해야 할까? "광복절이니 집에 태극기를 달아라"라고 말씀하시는 선생님들의 역할일까? "우리 딸, 우리 아들, 오늘 광복절인데 태극기 달아야지" 하시는 부모님의 역할일까? 역사의식을 가르치는 교육자는 누구여야 할까? 내 생각에 그것은 우리 모두의 몫이다. 그리고 세대를 대표하는 사람들의 의무다.

우리는 늘 말로만 애국심을 내세우면서 태극기를 달았다. 아니 태극기 대신 휴식을 택한 사람들도 많다. "요즘 젊은이들은 애국심이 부족해, 그 시대를 살아봤어야지…" 이렇게 말하는 우리 사회가 과연 젊은이들에게 얼마나 많은 보편적인 채널을 제공했는지 조심스럽게 묻고 싶다. 그래서 나는 그러한 채널을 만들기 위해 6년을 시도했다. 2013년 첫해, SNS에서 오케스트라 단원들을 모집해 '아리랑' 플래시몹을 진행했다. 이듬해는 문학야구장에서 초청받은 필드 단상에서 애국가를 합창하고 '각시탈'(당시 KBS에서 일제강점기를 배경으로 독립운동을 주제로 방영했던 드라마)을 일제히 쓰고 응원했다. 3년 후에는 일제강점기 시대 복장으로 코스프레하고 시민들에게 '도시락 폭탄'을 상징하는 물풍선을 던지며 역사극을 공연하기도 했다.

이 모든 것이 청소년들의 생각에서 시작되었다. 그래서 내게 광복절은 늘 한 해의 전환점이자 청소년들의 무한한 잠재력을 직접 지켜보는 행운의 날이기도 하다. 그렇게 6년째 맞이한 광복절, 다시 청소년들은 내게 제안했다.

"대장님, 이번 광복절에는 저희가 직접 태극기를 그려보고 싶습니다."

"붓으로 그림을 그리겠다고?"

"아뇨, 손으로요…."

청바지 동아리를 운영하면서 아이들의 아이디어에 반대해본 적은 단 한 번도 없다. 또 그렇게 하면 안 된다는 것이 내 철칙이다. 왜냐하면 실패해도 그들에게는 그 자체로 값진 경험이기 때문이다.

"좋아, 해보자. 대장님이 해야 할 일은 뭐니?"

그렇게 나는 아이들이 만들 8·15 광복절을 위해 청소년수련관을 빌렸다. 청소년 시설기관 4군데에서 광복절이 휴일이라 대관이 안 된다며 허탕을 쳤고, 마지막으로 부탁한 곳에 사정사정을 해서 다행히 허락을 받았다.

우여곡절 끝에 시작된 이번 광복절 행사는 청소년들이 만들고 청소년들이 누렸다. 150명의 청소년이 자발적으로 참여했고 그들의 엄지와 검지, 그리고 손바닥으로 마치 점화처럼 현수막에 태극기를 그렸다. 태극기를 들어 보이는 순간 나는 태극기보다 아이들의 표정에 시선이 쏠렸다. 그리고 이내 난 착각의 소용돌이에 빠졌다. 태극기를 들고 있던 150명의 청소년 모두가 태극기로 보였다. 이어서 역사퀴즈 프로그램을 진행했다. 저마다 손을 들며 1945년을 외치고, 그들의 입에서 방탄소년단 대신 안중근 의사의 이름이 나왔다. 물론 오답을 외치고 억울하다는 듯 인상을 찡그리는 일도 많았다. 청소년에게 광복절은 개학을 하루 앞 둔 꿀 같은 휴일이었을지도 모른다. 그럼에도 그들은 어떠한 동조

압력도 없이 자발적으로 참여했다. 그리고 프로그램에 대한 아이디어를 낼 때 나의 의견을 어느 곳에도 심어 넣은 적은 없다. 단지 그들의 생각에서 만들어지는 것을 지켜봤을 뿐이다. 결국 그들은 아주 멋진 광복절을 만들어냈다. 그 어떤 다큐멘터리보다도 진지했고, 그 어느 예능보다도 유쾌했다. 2명의 회장과 24명의 일꾼단이 주말마다 모여 머리를 맞댄 결과였다. 그렇게 우리는 '청소년들만의 광복절'을 보냈다.

아이들은 모른다. '내가 왜 2달 치 용돈을 부어가며 굳이 그들에게 무대를 만들어 주는지, 왜 뒤에서 그저 지켜만 보는지, 왜 내가 이런 일을 하는지'에 대해서 말이다. 그러나 이 아이들이 사회에 나가면 대장님이 왜 그토록 무모한 시도를 했는지 알게 될 것이다. 창의적이고 젊은이다운 당당한 한 사람의 모습이 되어 주기를 간절히 바라는 마음 때문이라는 것을 말이다.

역사는 청소년의 성장에 있어서 근간이다. 우리 역사를 기억한다는 것은 그들의 역사를 만드는 데 필요적 학습이다. 대단한 걸 원하는 것은 아니다. 그냥 그들의 기억 속에 역사가 습관화되어 주기를 또 그들의 삶에 전통이 되어 주기를 바랄 뿐이다. 쉽게 말해, 그냥 지나가면 뭔가 허전한 기분이 들기를 그저 바랄 뿐이다. 오늘 나는 그들이 만든 태극기를 교수실로 가져왔다. 공간이 좁아 이 대형태극기를 어찌 전시할지 고민이다.

이 시대 아이들에게 필요한 가장 완벽한 소양

이 '소양'을 가진 청소년을 보면 나는 죽을 때까지 걱정이 안 된다. 그러고 보면 '왜 생각하지 못했을까?' 하는 아쉬움이 든다. 왜냐하면 이것은 정말 이 시대의 아이들에게 완벽한 소양이기 때문이다.

2017년 4월 2일, 날짜도 잊지 않는다. 페이스북에서 우연히 마주친 이 '소양'은 한순간에 나를 멍때리게 만들었다. '맞아, 바로 이거였지. 대박! 내가 왜 이 생각을 못했을까? 바보.' 물론 마음속으로 떠들었다. 당시 패션잡지로 유명했던 어느 페이스북 페이지에서는 이 '소양'을 이렇게 설명하고 있다. 이 글을 읽는 부모님들도 이 '소양'이 무엇을 말하는지 맞춰보셨으면 좋겠다.

사람이 살아가면서 갖춰야 할 '덕목' 중에 꼭 필요하지는 않지만 있으면 좋은 것들이 더러 존재합니다. 학교의 정식 교육에 등록되어 있지는 않지만 알아두면 좋을 소양들이죠. 그중 이 '소양'은 가족, 친구, 선후배, 지위 고하를 막론하고 모든 인간관계를 돈독하게 해주고, 특히 남녀 사이에서 이 '소양'은 엄청난 위력을 발휘할 마법의 카드입니다.

참고로 힌트라면, 이 '소양'은 세 글자이고 외래어다. 혼자만 알고 있기에는 너무 아까워서 나는 다음 날 내 SNS 게시판에 위와 똑같은 문제를 올렸다. 그리고 문제를 맞힌 친구에게는 멋진 선물이 제공될 거라는 말도 빠뜨리지 않았다. 문제가 게시판에 올라가자마자 100여 명의 청소년이 서둘러 자신이 생각하는 정답을 올리기 시작했다. 하지만 아쉽게도 모두 오답이었다.

100명이 조금 넘는 청소년들의 댓글에는 1위가 배려, 2위가 인성, 3위가 사랑이라는 덕목이 많았다. 말 그대로 놀라운 단어들이다. 청소년들의 생각에서 이러한 단어를 끄집어내 준 것만으로도 나는 너무 고마웠다. 하지만 정답은 아니었다. 그래서 '세 글자, 외래어'라는 힌트를 제공하자 다시 봇물 터지듯 정답이 올라왔다. 리더십, 에너지, 스킨십, 에티켓 등등 다양한 단어가 올라왔지만 이번에도 정답은 아니었다. 어떤 친구는 댓글에다 아주 씩씩하게 이렇게 썼다.

"대장님, 제 소견으로는 이 시대에 반드시 필요한 소양은 '비판적 사고'라 생각합니다."

"와, 너무 멋진 생각인데? 하지만 어쩌지? 정답은 아니다."

"괜찮습니다!"

또 어떤 친구는 이렇게 대답했다.

"대장님, 제 생각에는 진정한 의사소통이라고 생각합니다."

"ㅎㅎ 너무 멋진 말이다. 근데 정답은 아니라서 미안해."

"아, 선물 받고 싶었는데….."

그래서 결정적인 힌트를 제공했다.

"얘들아, 잘 들어봐. 대장님을 예로 들어볼게. 막내아들이 고3이라서 매일 새벽 1시가 되어서야 집에 돌아와. 그런데 막내아들이 집에 도착해서 현관문의 비밀번호를 누르면 대장님은 소파에서 앉아 있다가 누르는 버튼 소리를 듣고 후다닥 현관문 앞에 기다리고 서 있는 거지. 물론 박수 칠 준비를 하면서 말이야. 그러고는 막내아들이 문을 열고 들어오는 순간 대장님은 미친 듯이 박수를 치면서 '우리 아들 너무 수고했어!'라고 외치기 시작해. 마치 열렬한 사생팬처럼 말이야. 그럼 아들이 그러지. '쉿, 조용히 좀 해. 지금 시간이 몇 신데.' 하지만 아들은 이런 아빠의 행동을 좋아할까? 좋아하지 않을까? 맞아. 당연히 좋아하지. 이게 힌트야."

말이 끝나기도 무섭게 정답들이 쏟아져 나왔다. 이쯤 되면 이 글을 읽고 있는 부모님들도 정답을 알고 계시지 않을까? 맞다. 정답은 바로 '리액션'이다.

미국 최고 권위의 발달심리학자이자 델라웨어대학교 심리학과 교수인 로베르타 골린코프는 『최고의 교육』이라는 자신의 책에서 21세기 자녀들에게 필요한 역량으로 '소프트 스킬'을 강조했다. 지금까지 자녀교육에 있어서 강조된 것이 고착화된 지식, 즉 눈으로 볼 수 있는 '하드 스킬'이었다면 이제 21세기 우리 자녀에게 필요한 것은 적응력, 자율성, 의사소통능력, 창의력, 문화적 감수성, 공감력, 고차원적 사고 능력, 일관성, 계획성, 긍정적인 태도, 전문성, 회복 탄력성, 자기 통제, 자기 동기부여, 사회성, 팀워크 능력, 책임감, 리더십, 학습력을 배우는 능력, 설득력, 조직력, 독창성, 성격, 목표 지향성 등이 해당한다고 강조했다. 2018년 세계 경제전문지 「포브스」에서도 세계 CEO들이 가장 원하는 인재 덕목으로 '소프트 스킬'을 꼽았다. 내가 이 '리액션'을 강조하는 이유도 이 시대 우리 자녀의 교육과 안전을 동시에 지켜주는 '소프트 스킬'의 대표작이기 때문이다.

나는 매년 청소년들과 700회가 넘는 상담을 하고 있다. 상담이라기보다는 '그들의 이야기를 들어주고 있다'는 것이 더 정확한 표현이다. 그리고 지금까지 이 리액션을 가진 청소년이 학교폭력에 가담했거나 피해를 당했다는 상담을 받아본 적이 없다. 더구나 이 리액션을 가진 청소년이 부모 때문에 힘들어하고, 공부에 힘들어하며, 친구들 때문에 힘들어하는 것도 본 적이 없다.

그렇다면 우리 자녀가 리액션을 갖추게 하려면 부모가 어떻게 해야 할까? 당연히 부모부터 리액션을 장착하고 있어야 한다. 그리고 수시로 또 사정없이 자녀를 향해 미리 주머니에 준비해놓은 '하트' 무더기와 '엄지' 무더기를 날려줘야 한다. 여기서 중요한 것은 자녀들의 반응이 시큰둥하더라도 절대 약해져서는 안 된다는 점이다. 끈기를 가지고 부모의 리액션을 보여줘야 한다. 자녀들은 단지 티를 내지 않을 뿐 서서히 부모의 '비언어적 커뮤니케이션'을 받아들이기 때문이다.

미술관에서 마주한 놀라운 광경

아들과 미술관에 갔다. 아들은 미술관에 종종 가는 편이다. 이번에는 나도 따라갔다. 이미 고등학교를 졸업하고 이내 군대까지 제대해서 어엿한 성인이 된 아들과 함께 미술관에 가는 기분이란 달리 만족할 수 있는 문장이 떠오르지 않을 정도다. 경복궁을 끼고 있는 삼청동 미술관 거리에는 그야말로 작은 미술관들이 촘촘히 늘어서 있었다. 아들은 국립미술관 같은 규모가 큰 미술관보다는 마치 주머니에 넣고 싶을 만큼의 아담한 미술관을 더 좋아했다.

아들이 선택한 미술관에 들어섰다. 우리는 티켓을 끊고 갤러리로 향했다. 아들의 말대로 작가의 화풍이 매우 화려했다. 마음의 안정을 가져다주고 힐링을 이끄는 그림들이 많았다. 대부분 큰 그림들이었다. 우리는 1관을 관람하고 빗금 표시처럼 생긴 작은 통로를 따라 2관에 들어갔다. 1관보다는 2관의 그림을 관람하는 사람들이 더 많았다. 그런데 아들이 앞서가던 나를 잡아당겼다.

"아빠, 저기 봐봐."

아들이 가리킨 곳에는 건물을 받치는 기둥에 등을 대고 엄마와 초등학생 저학년으로 보이는 딸이 나란히 바닥에 앉아 있었다. 그리고 마주 보이는 전시된 그림을 엄마와 딸이 스케치북에다 그리고 있었다. 얼핏 봐도 앞에 걸린 그림을 따라 그린다는 것을 알 수 있었다.

나는 조심스레 다가가서 엄마와 딸을 주시했다. 그들은 그림에 관해 이야기꽃을 피우며 조용히, 그러나 신나게 그리고 있었다. 놀라운 광경이었다. 나는 그 아이의 표정을 보았다. 진지해 보였다. 그리고 마치 자신이 화가가 된 것처럼 매우 몰두하고 있었다. 어머니는 아이의 그림에 참견하지 않았다. 그러다 색깔이 틀린 것 같아서 엄마가 딸에게 알려주었더니 듣는 둥 마는 둥 자기 그림을 계속 그리고 있었다. 엄마도 미소를 지으며 말을 잇지는 않았다. 내가 멀뚱히 쳐다보고 있으니 아들이 다가와 말을 걸었다.

"아빠, 뭘 그렇게 뚫어져라 보고 있어?"

"멋지지?"

"그래서 계속 보고 있었어?"

"네가 다시 저만한 나이로 돌아갔으면 좋겠다."

"왜?"

"그럼 이제는 아빠도 저렇게 할 수 있을 것 같아서 말이야. 아니, 저렇게 해보지 못한 게 너무 아쉽다."

"몰랐구나. 아빠는 내가 저 나이 때도 꽤 괜찮은 아빠였어."

미술관에서 본 어머니와 딸의 모습은 지금도 기억에서 지워지지 않는다. 나는 그때 그 어머니를 인터뷰하고 싶었다. '어머니는 대체 어떤 교육을 배우셨기에 미술관에 올 때 스케치북과 크레파스를 가져올 생각을 하셨나요?'

얼마 전 지방 끝자락에 있는 도시를 찾아 초등학교 학부모를 대상으로 강연을 한 적이 있었다. 강연 서두에 나는 오늘의 미술관 이야기를 꺼냈다. 그리고 학부모들에게 물었다.

"만일 여러분들이 지금 자녀와 미술관을 간다고 합시다. 그리고 그곳에서 자녀를 위해 우리는 어떻게 그림을 봐야 아이에게 더 좋을지 고민한다고 생각해봐요. 여러분들은 자녀와 어떻게 그림을 보시겠습니까?"

그랬더니 한 어머니가 대답했다.

"저는 아이에게 그림에 관한 이야기를 들려줄 것 같아요."

맨 뒤에 계시는 어머니가 또 손을 들었다.

"저 같으면 아이에게 그림을 따라 그려보라고 할 것 같아요."

그 말을 듣는 순간 학부모들이 모두 '와!' 하는 탄성을 질렀다. 나 또한 그 말을 듣고 너무 반가웠다. 어머니가 그런 이야기를 한다는 것은 아이를 위해 늘 준비하고 있다는 것을 보여준다. 그 이후에는 손을 드는 어머니가 없었다. 그래서 나는 미술관에서 본 어머니와 딸의 모습을 이야기해 주었다. 예상했던 대로 대부분의 학부모는 심하게 고개를 끄덕여 주었다.

시간을 되돌릴 수 있다면 어떨까? 그럼 좋겠다. 영화 <어바웃 타임>처럼 주먹을 불끈 쥐면 내가 후회하는 시간으로 되돌아가서 만회했으면 좋겠다. 인생을 2번 살게 해주면 안 될까? 그럼 후회를 만회할 수 있을 텐데 말이다. 대부분의 부모는 아마 나와 같은 생각을 하고 있을 것이다. 그런데 우리가 아쉬워하는 그때로 돌아갈 수 없으니 이제는 다른 방법을 찾아야 하지 않을까? 그래서 나는 지금부터 잘하려고 노력하는 중이다. 지금부터 아들의 편이 되어 주고 아들이 좇는 꿈을 응원해주려고 한다. 몇 년이 지나고 났을 때 또다시 후회하지 않기 위해서 말이다.

나는 대한민국 경찰관이다. 그리고 청소년들이 좋아하는 대장님이다. 이 책은 이 시대 청소년들이 보편적으로 겪고 있는 고민과 위험 그리고 그들 깊숙한 곳에 숨어 있는 속사정을 담았다. 이 책이 부디 자녀를 키우는 부모들에게 도움이 되었으면 좋겠다. 그리고 청소년 때문에 늘 고민하고 계시는 선생님과 전문가들에게도 도움이 되었으면 좋겠다.

마지막으로 이 책을 낼까 말까 망설이고 있는 나에게 큰 힘이 되어 준 박정환 연구원에게 진심으로 고맙다. 그리고 항상 나를 향해 "대장님!"이라고 외치며 엄청난 에너지를 선물해주는 나의 청소년 친구들에게 진심으로 고맙다.

내 새끼때문에 고민입니다만,

초판 1쇄 발행 2019년 5월 30일
초판 2쇄 발행 2019년 12월 20일

지은이 서민수 | **펴낸이** 정혜윤 | **편집** 김미애 | **마케팅** 박현정 | **디자인** 조언수 | **펴낸곳** SISO
주소 경기도 고양시 일산서구 일산로635번길 32-19
출판등록 2015년 01월 08일 제 2015-000007호
전화 031-915-6236 | **팩스** 031-5171-2365 | **이메일** sisobooks@naver.com

ISBN 979-11-89533-04-5 13590